Contents

CHAPTER 01

感測器與 Python 簡介

隨著科技的進步，各種環境的變化都可以透過感測器偵測，並且經由微電腦上執行的程式流程依據感測數值的變化作出反應，改進我們的日常生活。本套件就要帶領大家活用不同感測器實作出多種應用。

1-1 感測器簡介

感測器 (sensors) 是可以感測外在環境變化的電子元件，例如光線的明暗變化、震動、物體之間的距離等等。這些感測器在日常生活中隨處可見，例如倒車雷達，就是感測車尾端與後車或是牆壁的距離；許多人為了健康而攜帶的計步器，則是靠感測身體的晃動來計算步數；好萊塢電影中常見的雷射光防盜系統，則是依靠感測竊賊經過時遮斷雷射光來發出警訊。甚至透過網路，我們不必自己裝設感測器，也可以取得遠端的各種感測數據。本套件就會帶領大家使用以下的架構實作出上述的幾種應用：

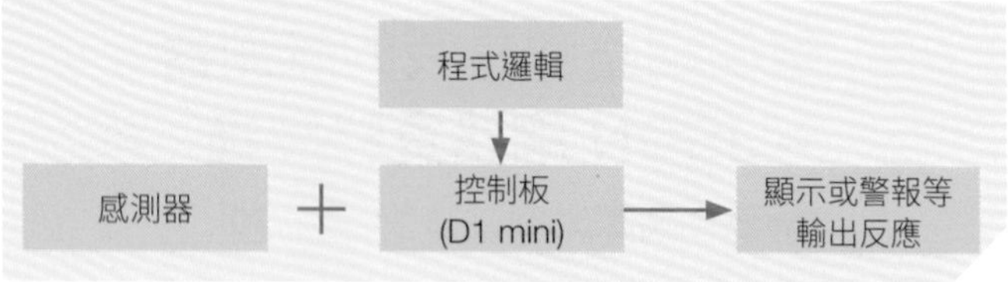

從上圖可以看到，控制板可說是一個智慧中心，幫我們取得感測數值送上網路。這個智慧中心一般使用單晶片開發板來達成，在種類繁多的開發板中，本套件選用的是 D1 mini，接下來就來認識 D1 mini 吧！

1-2 D1 mini 控制板簡介

D1 mini 是一片單晶片開發板，你可以將它想成是一部小電腦，可以執行透過程式描述的運作流程，並且可藉由兩側的輸出入腳位控制外部的電子元件，或是從外部電子元件獲取資訊。只要使用稍後會介紹的杜邦線，就可以將電子元件連接到輸出入腳位。

另外 D1 mini 還具備 Wi-Fi 連網的能力，可以將電子元件的資訊傳送出去，也可以透過網路從遠端控制 D1 mini。

有別於一般控制板開發時必須使用比較複雜的 C/C++ 程式語言，D1 mini 可透過易學易用的 Python 來開發，Python 是目前當紅的程式語言，後面就讓我們來認識 Python。

1-3 安裝 Python 開發環境

在開始學 Python 控制硬體之前，當然要先安裝好 Python 開發環境。別擔心！安裝程序一點都不麻煩，甚至不用花腦筋，只要用滑鼠一直點下一步，不到五分鐘就可以安裝好了！

■ 下載與安裝 Thonny

Thonny 是一個適合初學者的 Python 開發環境，請連線 https://thonny.org 下載這個軟體：

1 連線 https://thonny.org

2 按此連結下載

⚠ 使用 Mac/Linux 系統的讀者請點選相對應的下載連結。

下載後請雙按執行該檔案，然後依照下面步驟即可完成安裝：

1 按此鈕

2 按此鈕

3 按此鈕

4 勾選這個項目在桌面建立捷徑

5 按此鈕

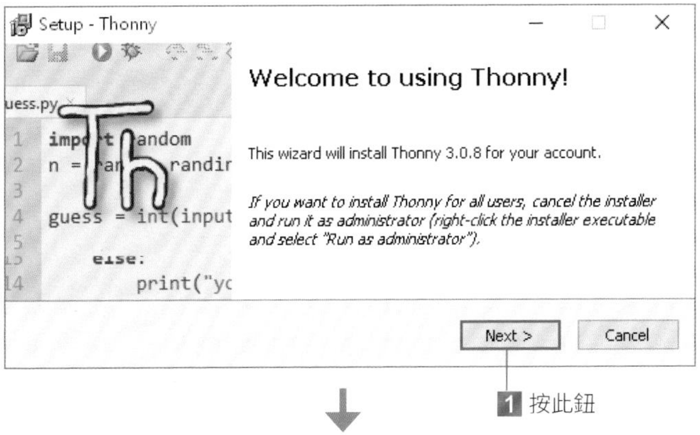

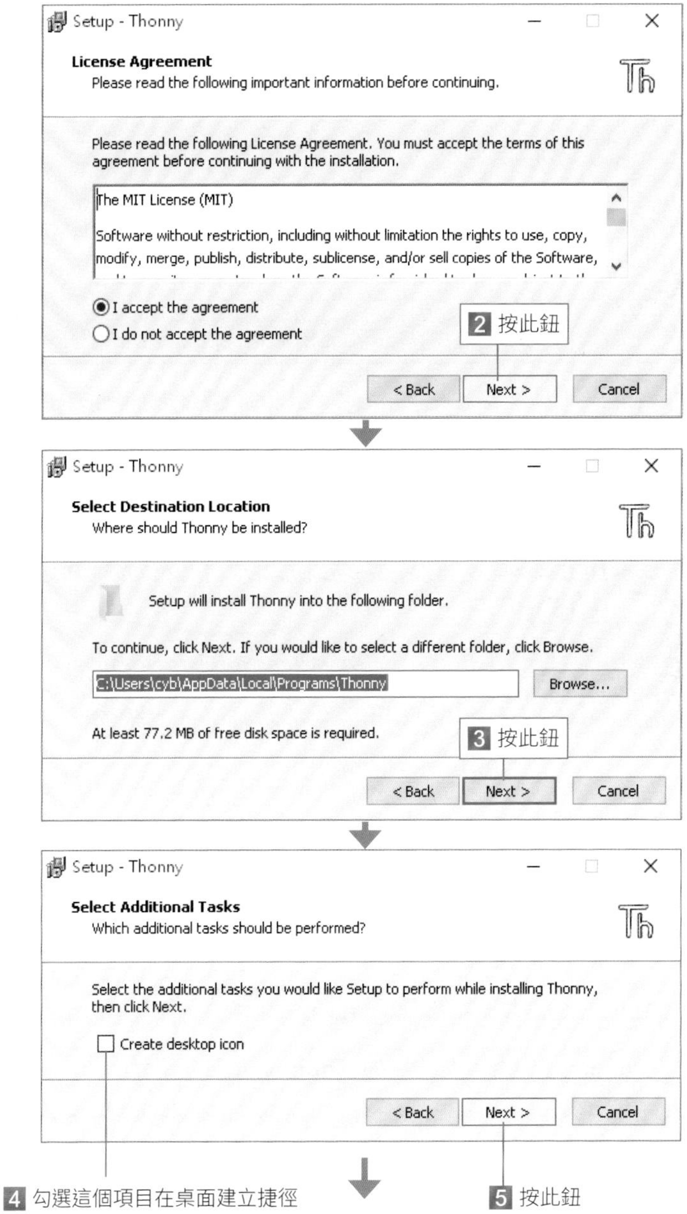

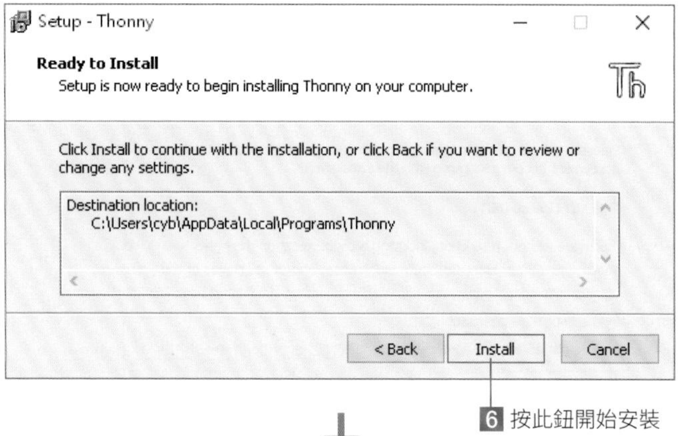

開始寫第一行程式

完成 Thonny 的安裝後，就可以開始寫程式啦！

請按 Windows 開始功能表中的 **Thonny** 項目或桌面上的捷徑，開啟 Thonny 開發環境：

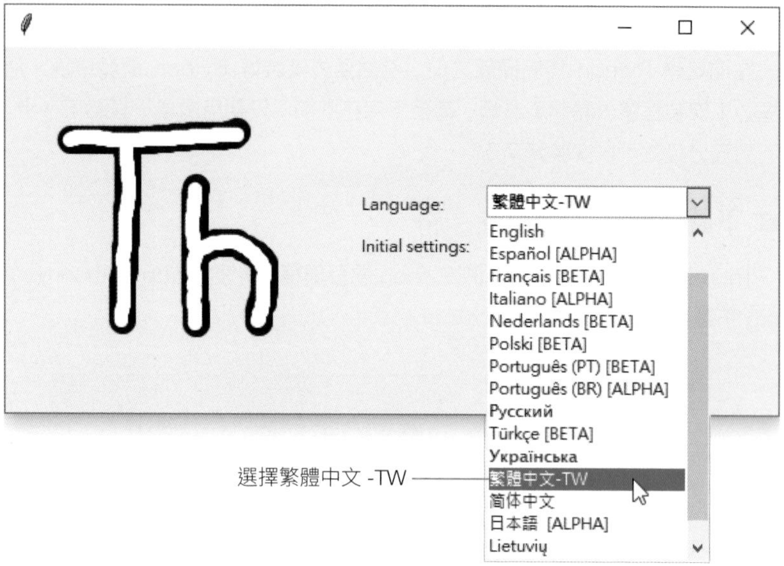

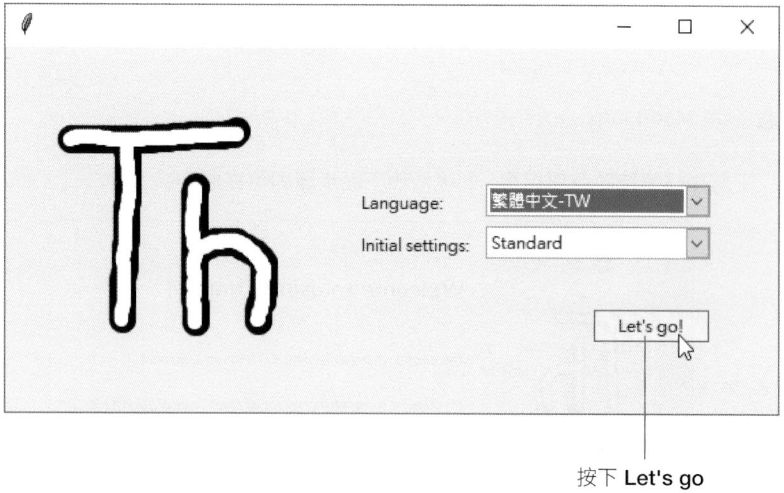

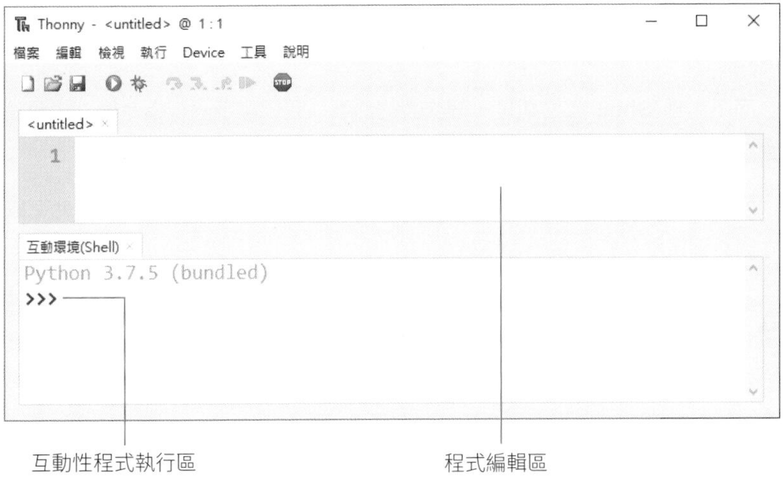
Thonny - <untitled> @ 1 : 1
檔案 編輯 檢視 執行 Device 工具 說明
<untitled>
互動環境(Shell)
Python 3.7.5 (bundled)
>>>
互動性程式執行區
程式編輯區

Thonny 的上方是我們撰寫編輯程式的區域，下方**互動環境 (Shell)** 窗格則是互動性程式執行區，兩者的差別將於稍後說明。請如下在 **Shell** 窗格寫下我們的第一行程式

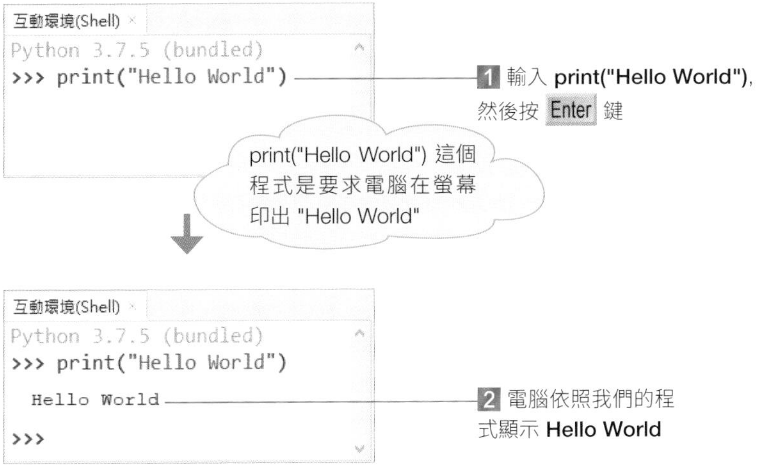
互動環境(Shell)
Python 3.7.5 (bundled)
>>> print("Hello World")
1 輸入 print("Hello World"), 然後按 Enter 鍵
print("Hello World") 這個程式是要求電腦在螢幕印出 "Hello World"
互動環境(Shell)
Python 3.7.5 (bundled)
>>> print("Hello World")
Hello World
>>>
2 電腦依照我們的程式顯示 Hello World

寫程式其實就像是寫劇本，寫劇本是用來要求演員如何表演，而寫程式則是用來控制電腦如何動作。

喂！電腦～
唱一首歌！
我 ... 我 ... 我
不知道怎麼唱

雖然說寫程式可以控制電腦，但是這個控制卻不像是人與人之間溝通那樣，只要簡單一個指令，對方就知道如何執行。您可以將電腦想像成一個動作超快，但是什麼都不懂的小朋友，當您想要電腦小朋友完成某件事情，例如唱一首歌，您需要告訴他這首歌每一個音是什麼、拍子多長才行。

所以寫程式的時候，我們需要將每一個步驟都寫下來，這樣電腦才能依照這個程式來完成您想要做的事情。

我們會在後面章節中，一步一步的教您如何寫好程式，做電腦的主人來控制電腦。

Python 程式語言

前面提到寫程式就像是寫劇本，現實生活中可以用英文、中文 ... 等不同的語言來寫劇本，在電腦的世界裡寫程式也有不同的程式語言，每一種程式語言的語法與特性都不相同，各有其優缺點。

本套件採用的程式語言是 Python, Python 是由荷蘭程式設計師 Guido van Rossum 於 1989 年所創建，由於他是英國電視短劇 Monty Python's Flying Circus (蒙提・派森的飛行馬戲團) 的愛好者，因此選中 **Python** (大蟒蛇) 做為新語言的名稱，而在 Python 的官網 (www.python.org) 中也是以蟒蛇圖案做為標誌：

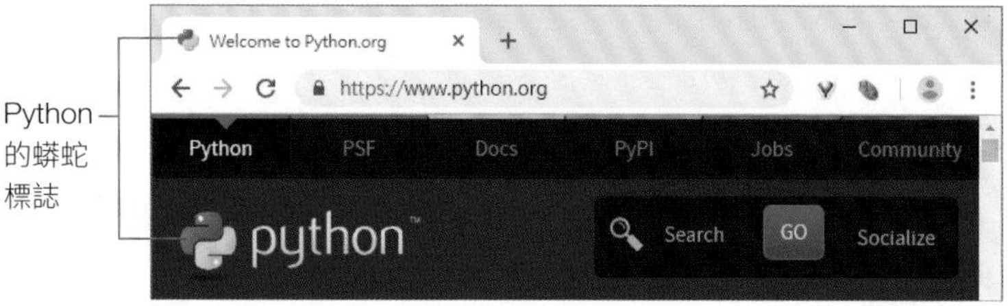

Python 是一個易學易用而且功能強大的程式語言，其語法簡潔而且口語化（近似英文寫作的方式），因此非常容易撰寫及閱讀。更具體來說，就是 Python 通常可以用較少的程式碼來完成較多的工作，並且清楚易懂，相當適合初學者入門，所以本書將會帶領您使用 Python 來控制硬體。

Thonny 開發環境基本操作

前面我們已經在 Thonny 開發環境中寫下第一行 Python 程式，本節將為您介紹 Thonny 開發環境的基本操作方式。

Thonny 上半部的程式編輯區是我們撰寫程式的地方：

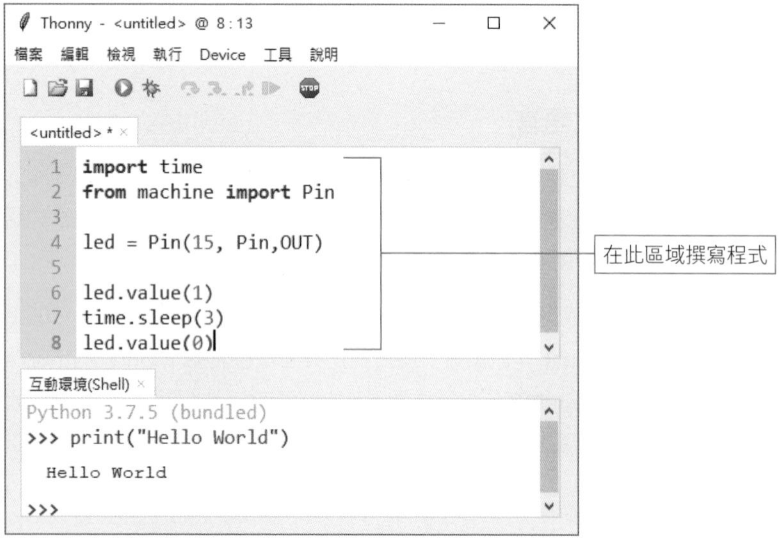

可以說，上半部程式編輯區類似稿紙，讓我們將想要電腦做的指令全部寫下來，寫完後交給電腦執行，一次做完所有指令。

而下半部 **Shell** 窗格則是一個交談的介面，我們寫下一行指令後，電腦就會立刻執行這個指令，類似老師下一個口令學生做一個動作一樣。

所以 **Shell** 窗格適合用來作為程式測試，我們只要輸入一句程式，就可以立刻看到電腦執行結果是否正確。

⚠ 本書後面章節若看到程式前面有 >>>，便表示是在 **Shell** 窗格內執行與測試。

若您覺得 Thonny 開發環境的文字過小，請如下修改相關設定：

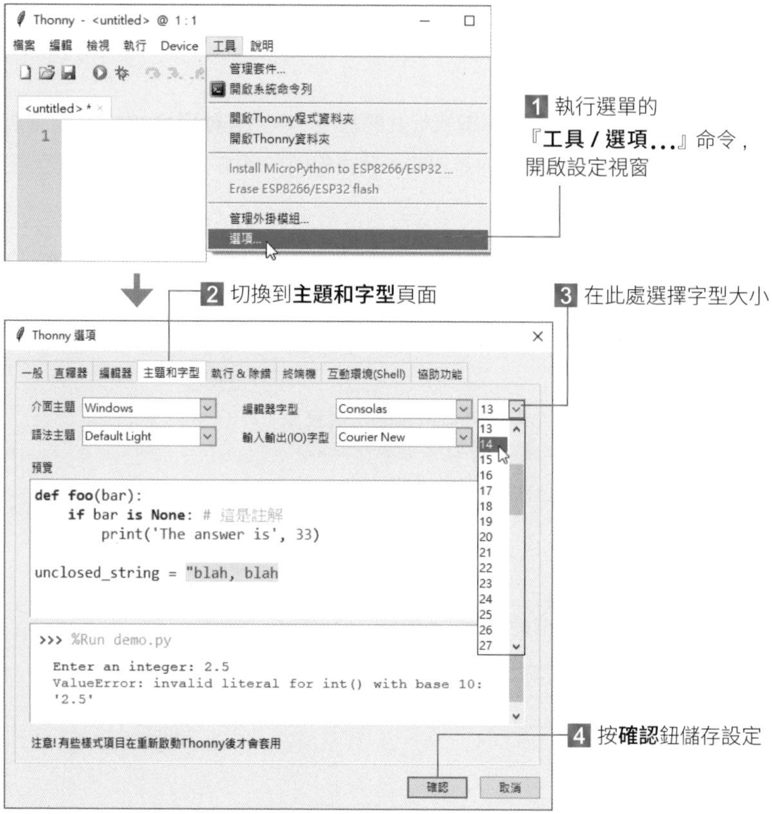

如果覺得介面上的按鈕太小不好按，可以在設定視窗如下修改：

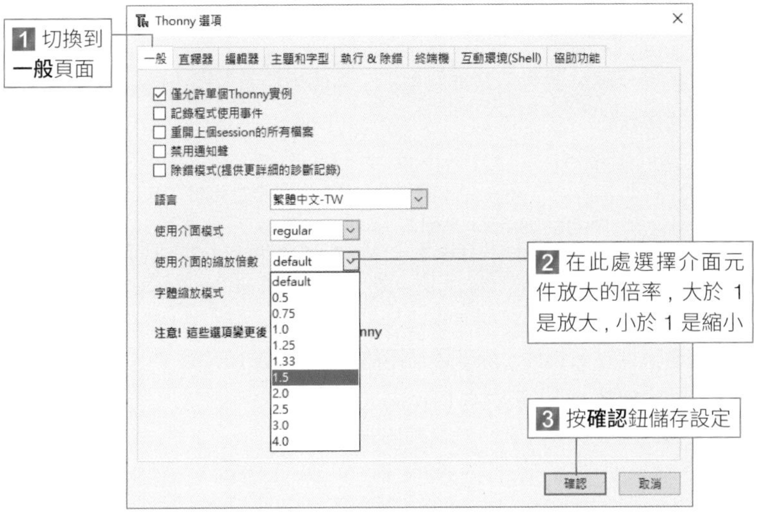

日後當您撰寫好程式，請如下儲存：

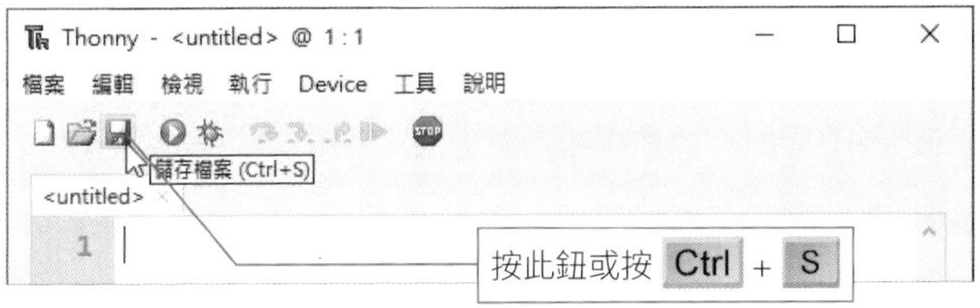

若要打開之前儲存的程式或範例程式檔，請如下開啟：

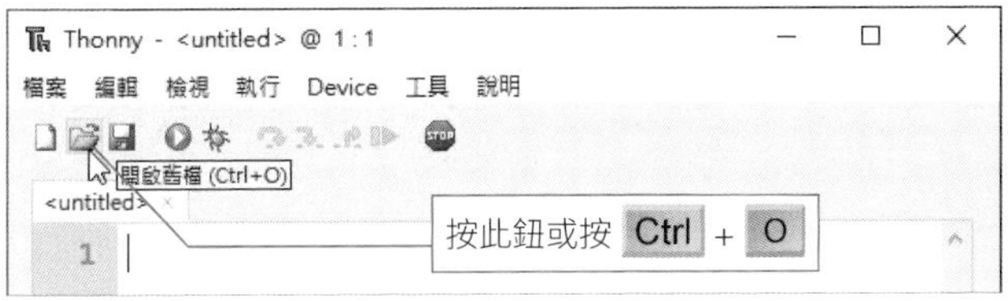

⚠ 本套件範例程式下載網址：http://www.flag.com.tw/download.asp?FM622A。

如果要讓電腦執行或停止程式，請依照下面步驟：

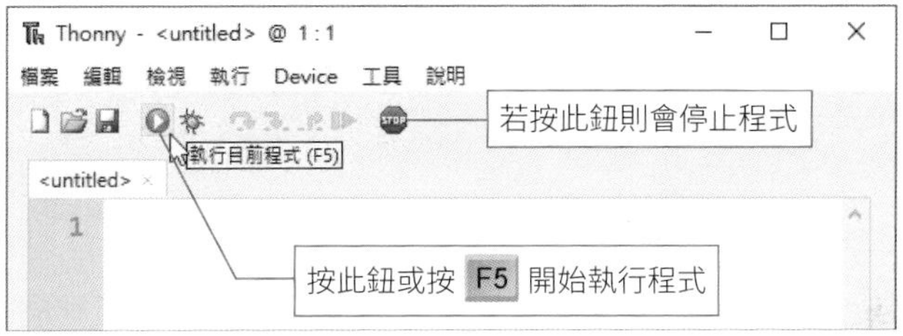

1-4 Python 物件、資料型別、變數、匯入模組

物件

前面提到 Python 的語法簡潔且口語化，近似用英文寫作，一般我們寫句子的時候，會以主詞搭配動詞來成句。用 Python 寫程式的時候也是一樣，Python 程式是以『**物件**』(Object) 為主導，而物件會有『**方法**』(method), 這邊的物件就像是句子的主詞，方法類似動詞，請參見下面的比較表格：

寫作文章	寫 Python 程式	說明
車子	car	← car 物件
車子向前進	car.go()	← car 物件的 go 方法

物件的方法都是用點號 . 來連接，您可以將 . 想成『的』, 所以 car.go() 便是 car **的** go() 方法。

方法的後面會加上括號 (), 有些方法可能會需要額外的資訊參數，假設車子向前進需要指定速度，此時速度會放在方法的括號內，例如 car.go(100), 這種額外資訊就稱為『**參數**』。若有多個參數，參數間以英文逗號 " , " 來分隔。

請在 Thonny 的 **Shell** 窗格，輸入以下程式練習使用物件的方法：

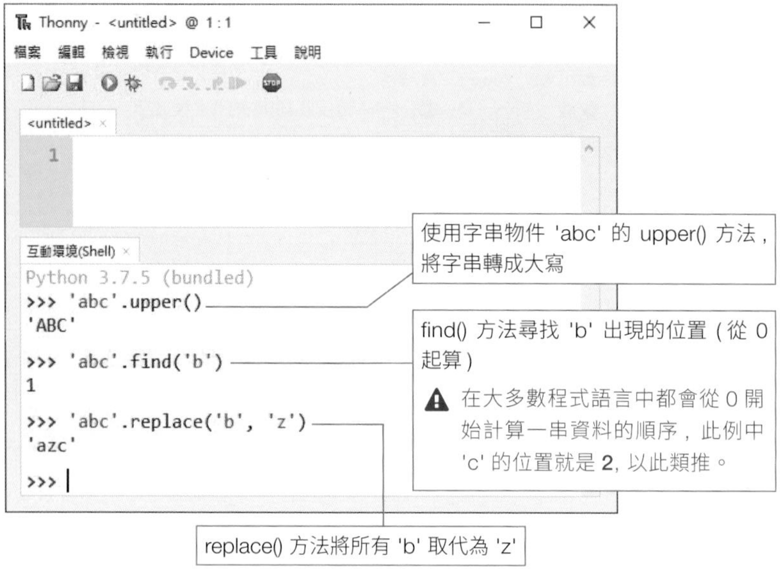

Thonny - <untitled> @ 1 : 1
檔案 編輯 檢視 執行 Device 工具 說明
<untitled>
互動環境(Shell)
Python 3.7.5 (bundled)
>>> 'abc'.upper()
'ABC'
>>> 'abc'.find('b')
1
>>> 'abc'.replace('b', 'z')
'azc'
>>>
使用字串物件 'abc' 的 upper() 方法，將字串轉成大寫
find() 方法尋找 'b' 出現的位置 (從 0 起算)
在大多數程式語言中都會從 0 開始計算一串資料的順序，此例中 'c' 的位置就是 2，以此類推。
replace() 方法將所有 'b' 取代為 'z'

⚠ 不同的物件會有不同的方法，本書稍後介紹各種物件時，會說明該物件可以使用的方法。

資料型別

上面我們使用了字串物件來練習方法，Python 中只要用成對的 " 或 ' 引號括起來的就會自動成為字串物件，例如 "abc"、'abc'。

除了字串物件以外，我們寫程式常用的還有整數與浮點數 (小數) 物件，例如 111 與 11.1。所以數字如果沒有用引號括起來，便會自動成為整數與浮點數物件，若是有括起來，則是字串物件：

```
>>> 111 + 111          ←── 整數相加
222

>>> '111' + '111'      ←── 字串串接
'111111'
```

我們可以看到雖然都是 111，但是整數與字串物件用 + 號相加的動作會不一樣，這是因為其資料的種類不相同。這些資料的種類，在程式語言中我們稱之為『**資料型別**』(Data Type)。

寫程式的時候務必要分清楚資料型別，兩個資料若型別不同，便可能會導致程式無法運作：

```
>>> 111 + '111'      ←── 不同型別的資料相加發生錯誤
  Traceback (most recent call last):
    File "<pyshell>", line 1, in <module>
  TypeError: unsupported operand type(s) for +: 'int' and 'str'
```

對於整數與浮點數物件，除了最常用的加 (+)、減 (-)、乘 (*)、除 (/) 之外，還有求除法的餘數 (%)、及次方 (**)：

```
>>> 5 % 2
1
>>> 5 ** 2
25
```

變數

在 Python 中，**變數**就像是掛在物件上面的名牌，幫物件取名之後，即可方便我們識別物件，其語法為：

```
變數名稱 = 物件
```

例如：

```
>>> n1 = 123456789  ←── 將整數物件 123456789 取名為 n1
>>> n2 = 987654321  ←── 將整數物件 987654321 取名為 n2
>>> n1 + n2         ←── n1 + n2 實際上便是 123456789 + 987654321
1111111110
```

變數命名時只用**英**、**數字**及**底線**來命名，而且第一個字不能是數字。

⚠ 其實在 Python 語言中可以使用中文來命名變數，但會導致看不懂中文的人也看不懂程式碼，故約定成俗地不使用中文命名變數。

內建函式

函式 (function) 是一段預先寫好的程式，可以方便重複使用，而程式語言裡面會預先將經常需要的功能以函式的形式先寫好，這些便稱為**內建函式**，您可以將其視為程式語言預先幫我們做好的常用功能。

前面第一章用到的 print() 就是內建函式，其用途就是將物件或是某段程式執行結果顯示到螢幕上：

```
>>> print('abc')  ←── 顯示物件
  abc

>>> print('abc'.upper())  ←── 顯示物件方法的執行結果
  ABC

>>> print(111 + 111)  ←── 顯示物件運算的結果
  222
```

⚠ 在 **Shell** 窗格的交談介面中，單一指令的執行結果會自動顯示在螢幕上，但未來我們執行完整程式時就不會自動顯示執行結果了，這時候就需要 print() 來輸出結果。

匯入模組

既然內建函式是程式語言預先幫我們做好的功能，那豈不是越多越好？理論上內建函式越多，我們寫程式自然會越輕鬆，但實際上若內建函式無限制的增加後，就會造成程式語言越來越肥大，導致啟動速度越來越慢，執行時佔用的記憶體越來越多。

為了取其便利去其缺陷，Python 特別設計了**模組** (module) 的架構，將同一類的函式打包成模組，預設不會啟用這些模組，只有當需要的時候，再用**匯入 (import)** 的方式來啟用。

模組匯入的語法有兩種，請參考以下範例練習：

```
>>> import time  ←── 匯入時間相關的 time 模組
>>> time.sleep(3)←── 執行 time 模組的 sleep() 函式, 暫停 3 秒

>>> from time import sleep ←── 從 time 模組裡面匯入 sleep() 函式
>>> sleep(5)  ←── 執行 sleep() 函式, 暫停 5 秒
```

上述兩種匯入方式會造成執行 sleep() 函式的書寫方式不同，請您注意其中的差異。

1-5 安裝與設定 D1 mini

學了好多 Python 的基本語法，終於到了學以致用的時間了，我們準備用這些 Python 來玩感測器的實驗囉！

剛剛我們練習寫的 Python 程式都是在個人電腦上面執行，因為個人電腦缺少對外連接的腳位，無法用來控制創客常用的電子元件，所以我們將改用 D1 mini 這個小電腦來執行 Python 程式。

下載與安裝驅動程式

為了讓 Thonny 可以連線 D1 mini, 以便上傳並執行我們寫的 Python 程式，請先連線 http://www.wch.cn/downloads/CH341SER_EXE.html, 下載 D1 mini 的驅動程式：

1 連線 http://www.wch.cn/downloads/CH341SER_EXE.html
CH341SER.EXE
2 按此鈕下載
若您使用 Mac 或是 Linux 系統的話，請依照您的系統點這兩個連結

下載後請雙按執行該檔案，然後依照下面步驟即可完成安裝：

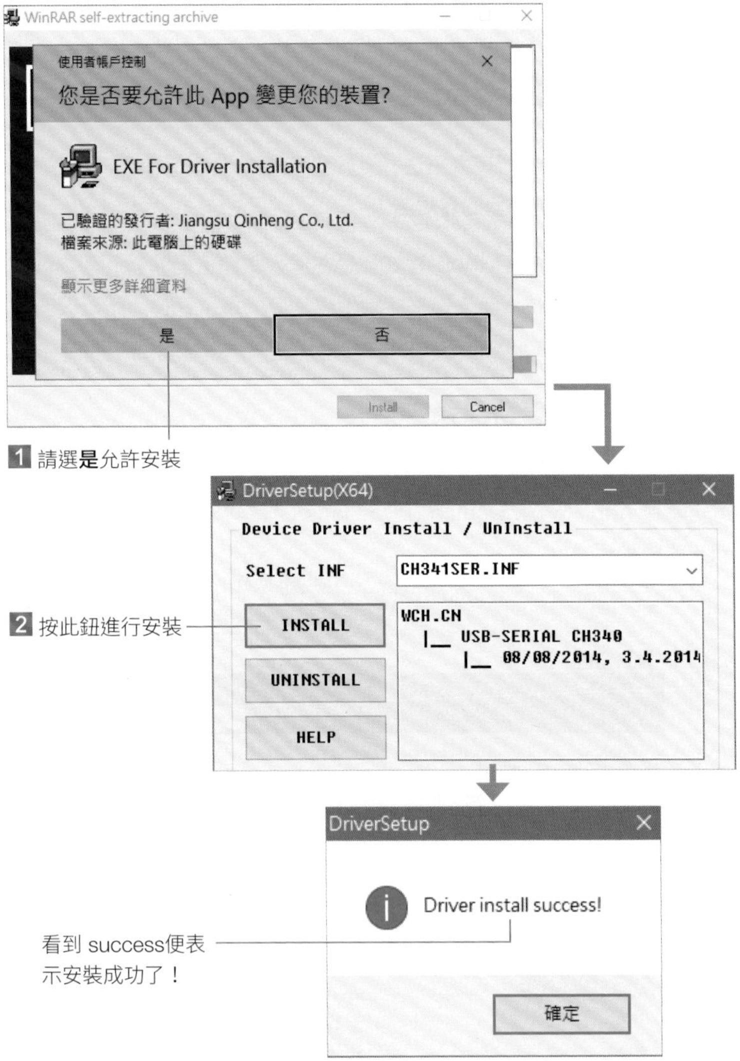

▲ 若無法安裝成功，請參考下一頁，先將 D1 mini 開發板插上 USB 線連接電腦，然後再重新安裝一次。

連接 D1 mini

由於在開發 D1 mini 程式之前，要將 D1 mini 開發板插上 USB 連接線，所以請先將 USB 連接線接上 D1 mini 的 USB 孔，USB 線另一端接上電腦：

接著在電腦左下角的開始圖示 ⊞ 上按右鈕執行『**裝置管理員**』命令 (Windows 10 系統)，或執行『**開始 / 控制台 / 系統及安全性 / 系統 / 裝置管理員**』命令 (Windows 7 系統)，來開啟裝置管理員，尋找 D1 mini 板使用的序列埠：

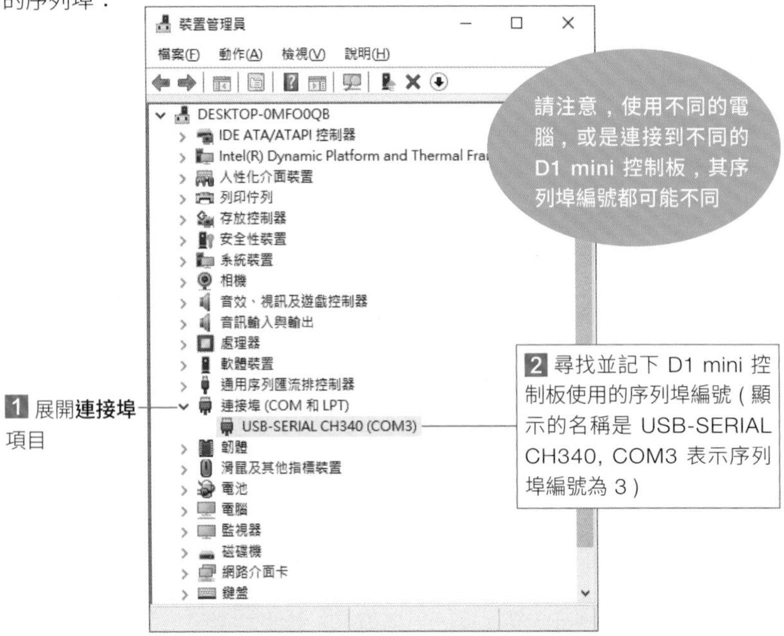

找到 D1 mini 使用的序列埠後，請如下設定 Thonny 連線 D1 mini：

1 執行選單的『**工具 / 選項...**』命令，開啟設定視窗

2 切換到**直釋器**頁面

3 拉下選單選擇 **MicroPython(一般)**

4 拉下選單選擇剛剛記下的序列埠編號 (Mac 上請選有 "/dev/cu.wchusbserial." 字樣的項目)

5 按**確認**鈕儲存設定

⚠ 步驟 2 中直釋器的 ' 釋 ' 為 Thonny 軟體中的錯字，正確應該為**直譯器**，直譯器是一種能夠把一句句程式轉成電腦動作的工具。

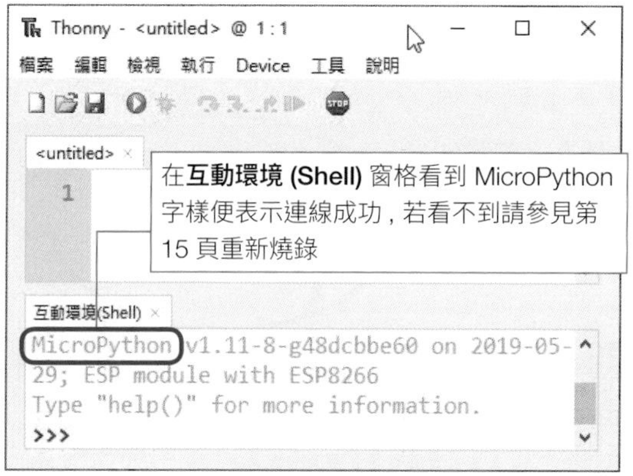

⚠ MicroPython 是特別設計的精簡版 Python，以便在 D1 mini 這樣記憶體較少的小電腦上面執行。

1-6 認識硬體

目前已經完成安裝與設定工作，接下來我們就可以使用 Python 開發 D1 mini 程式了。

由於接下來的實驗要動手連接電子線路，所以在開始之前先讓我們學習一些簡單的電學及佈線知識，以便能順利地進行實驗。

LED

LED，又稱為發光二極體，具有一長一短兩隻接腳，若要讓 LED 發光，則需對長腳接上高電位，短腳接低電位，像是水往低處流一樣產生高低電位差讓電流流過 LED 即可發光。LED 只能往一個方向導通，若接反就不會發光。

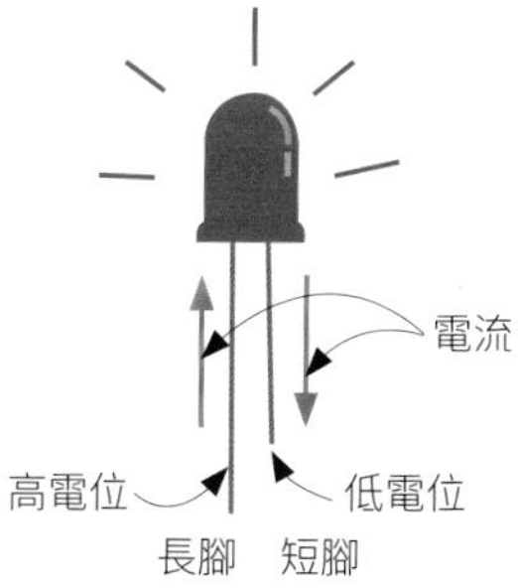

電阻

我們通常會用電阻來限制電路中的電流，以避免因電流過大而燒壞元件 (每種元件的電流負荷量不盡相同)。

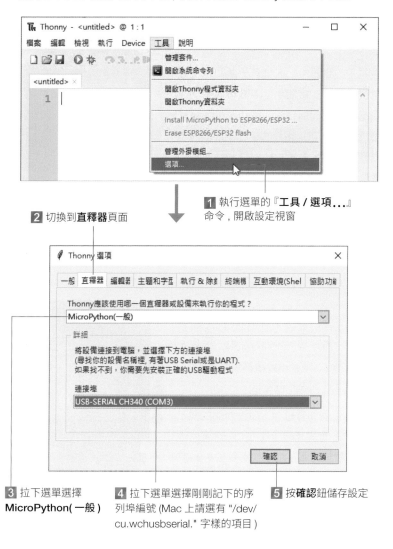

■ 麵包板

麵包板的表面有很多的插孔。插孔下方有相連的金屬夾，當零件的接腳插入麵包板時，實際上是插入金屬夾，進而和同一條金屬夾上的其他插孔上的零件接通，在本套件實驗中我們就需要麵包板來連接 D1 Mini 與感測器模組。

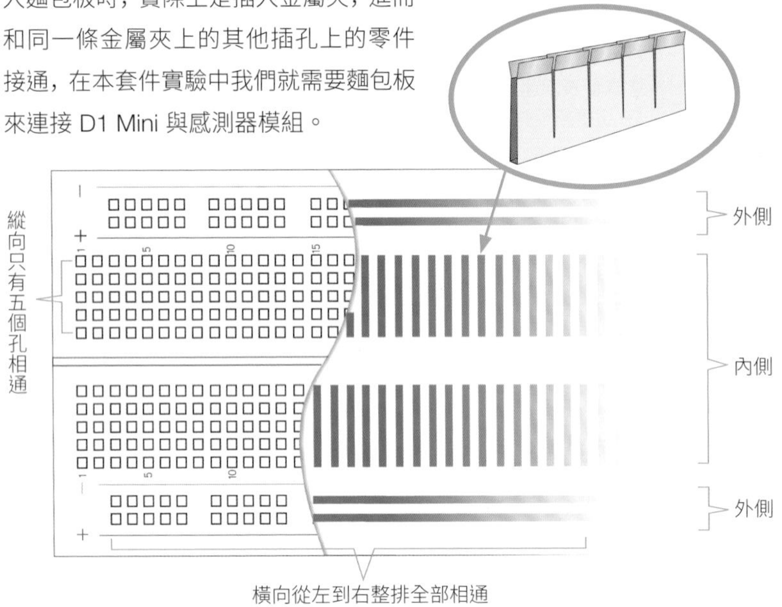

■ 杜邦線與排針

杜邦線是二端已經做好接頭的單心線，可以很方便的用來連接 D1 mini、麵包板、及其他各種電子元件。杜邦線的接頭可以是公頭 (針腳) 或是母頭 (插孔)，如果使用排針可以將杜邦線或裝置上的母頭變成公頭：

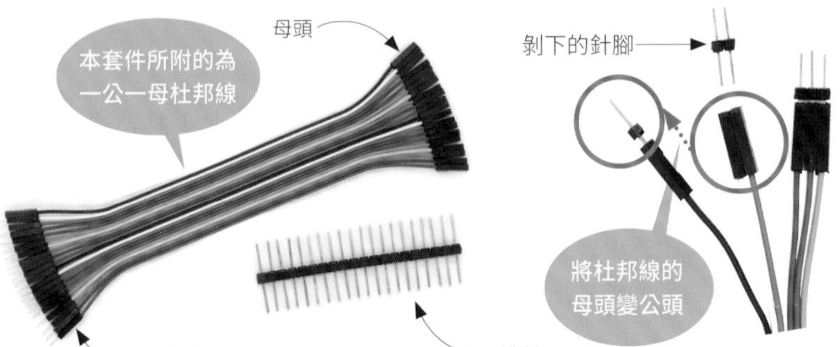

1-7 D1 mini 的 IO 腳位以及數位訊號輸出

在電子的世界中，訊號只分為高電位跟低電位兩個值，這個稱之為**數位訊號**。在 D1 mini 兩側的腳位中，標示為 D0～D8 的 9 個腳位，可以用程式來控制這些腳位是高電位還是低電位，所以這些腳位被稱為**數位 IO (Input/Output) 腳位**。

本章會先說明如何控制這些腳位進行數位訊號輸出，之後會說明如何讓這些腳位輸入數位訊號。

在程式中我們會以 1 代表高電位，0 代表低電位，所以等一下寫程式時，若設定腳位的值是 1，便表示要讓腳位變高電位，若設定值為 0 則表示低電位。

D1 mini 兩側數位 IO 腳位內側的標示是 D0～D8，但是實際上在 D1 mini 晶片內部，這些腳位的真正編號並不是 0～8，其腳位編號請參見右圖紅色圈圈內的數字：

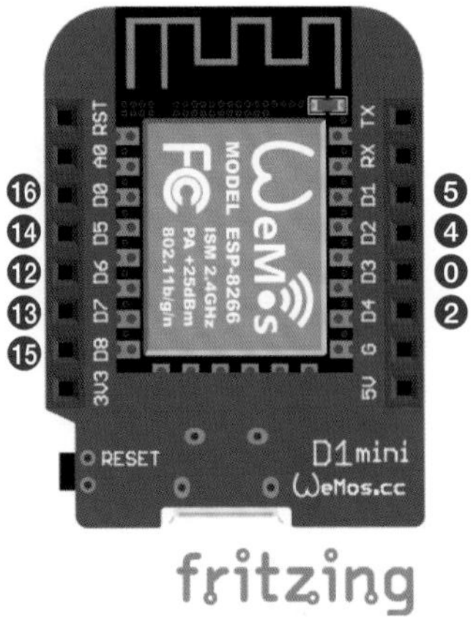

所以當我們寫程式時，必須用上面的真正編號來指定腳位，才能正確控制這些腳位。

Lab01

點亮/熄滅 LED

實驗目的	用 Python 程式控制 D1 mini 腳位，藉此點亮或熄滅該腳位連接的 LED 燈。
材料	• D1 mini

線路圖

無需接線。

設計原理

為了方便使用者，D1 mini 板上已經內建了一個藍色 LED 燈，這個 LED 的短腳連接到 D1 mini 的腳位 D4 (編號 2 號), LED 長腳則連接到高電位處。

前一頁提到當 LED 長腳接上高電位，短腳接低電位，產生高低電位差讓電流流過即可發光，所以我們在程式中將 D1 mini 的 2 號腳位設為低電位，即可點亮這個內建的 LED 燈。

為了在 Python 程式中控制 D1 mini 的腳位，我們必須先從 machine 模組匯入 Pin 物件：

```
>>> from machine import Pin
```

前面提到內建 LED 短腳連接的是 D4 腳位，這個腳位在晶片內部的編號是 2 號，所以我們可以如下建立 2 號腳位的 Pin 物件：

```
>>> led = Pin(2, Pin.OUT)
```

上面我們建立了 2 號腳位的 Pin 物件，並且將其命名為 led, 因為建立物件時第 2 個參數使用了 "**Pin.OUT**", 所以 2 號腳位就會被設定為輸出腳位。

然後即可使用 value() 方法來指定腳位電位高低：

```
>>> led.value(1)   ←— 高電位
>>> led.value(0)   ←— 低電位
```

程式設計

請在 Thonny 開發環境上半部的程式編輯區輸入以下程式碼，輸入完畢後請按 Ctrl + S 儲存檔案：

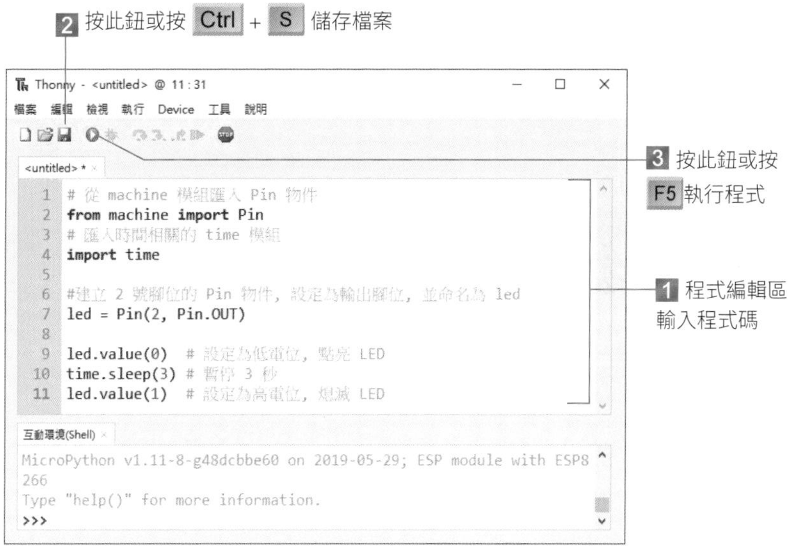

2 按此鈕或按 Ctrl + S 儲存檔案
3 按此鈕或按 F5 執行程式
1 程式編輯區輸入程式碼
Thonny - <untitled> @ 11:31
檔案 編輯 檢視 執行 Device 工具 說明
<untitled> *
# 從 machine 模組匯入 Pin 物件
from machine import Pin
# 匯入時間相關的 time 模組
import time
#建立 2 號腳位的 Pin 物件, 設定為輸出腳位, 並命名為 led
led = Pin(2, Pin.OUT)
led.value(0) # 設定為低電位, 點亮 LED
time.sleep(3) # 暫停 3 秒
led.value(1) # 設定為高電位, 熄滅 LED
互動環境(Shell)
MicroPython v1.11-8-g48dcbbe60 on 2019-05-29; ESP module with ESP8266
Type "help()" for more information.
>>>

⚠ 程式裡面的 # 符號代表註解，# 符號後面的文字 Python 會自動忽略不會執行，所以可以用來加上註記解說的文字，幫助理解程式意義。輸入程式碼時，可以不必輸入 # 符號後面的文字。

選擇本機

⚠ 若看不到**本機**的字樣，可以直接點選兩個方框中位於上方的方框。

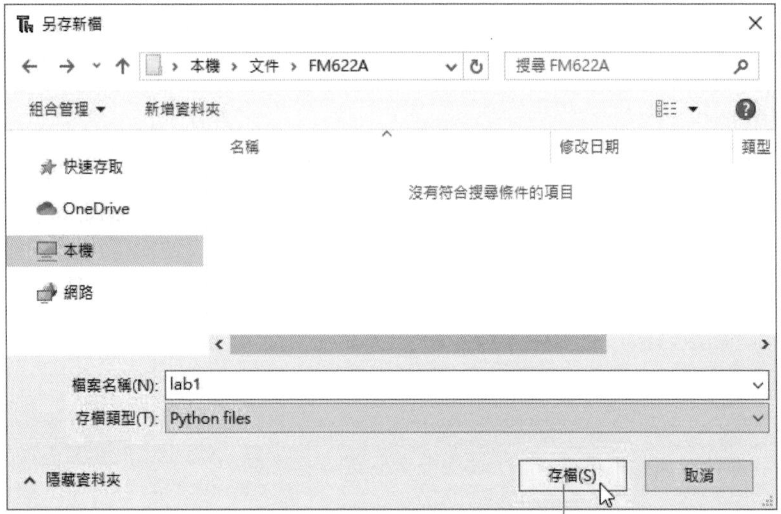

輸入檔名後按存檔鈕儲存

實測

請按 F5 執行程式，即可看到 LED 點亮 3 秒後熄滅。

1-8 Python 流程控制 (while 迴圈) 與區塊縮排

上一個實驗我們用程式點亮 LED 3 秒後熄滅，如果我們想要做出一直閃爍的效果，該不會要寫個好幾萬行控制高低電位的程式吧？！

當然不是！如果需要重複執行某項工作，可利用 Python 的 while 迴圈來依照條件重複執行。其語法如下：

```
while 條件式：
    程式區塊
```

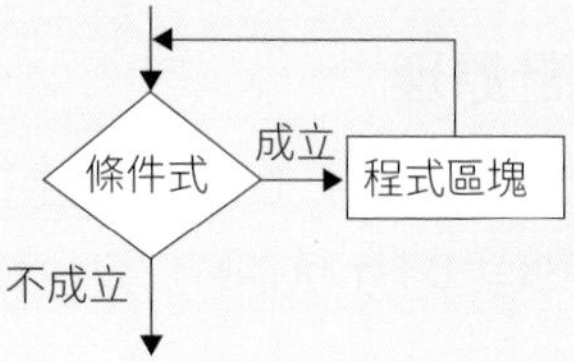

while 會先對條件式做判斷，如果條件成立，就執行接下來的程式區塊，然後再回到 while 做判斷，如此一直循環到條件式不成立時，則結束迴圈。

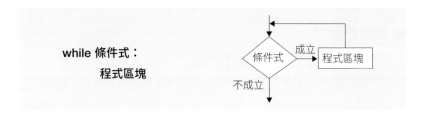

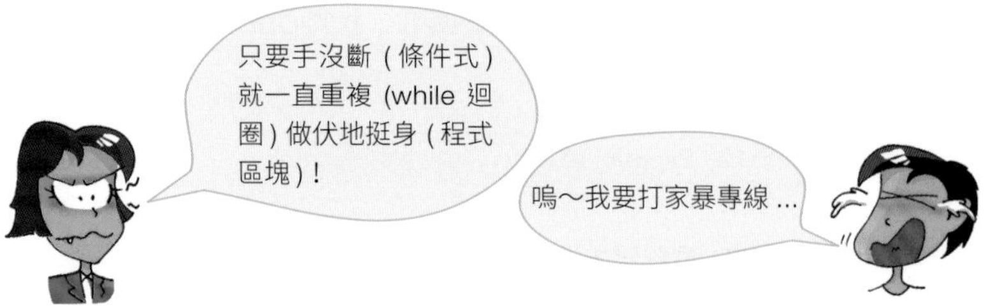

通常我們寫程式控制硬體時，大多數的狀況下都會希望程式永遠重複執行，此時條件式就可以用 **True** 這個關鍵字來代替，True 在 Python 中代表『成立』的意義。

⚠ 關鍵字是 Python 保留下來有特殊意義的字。

例如我們要做出內建 LED 一直閃爍的效果，便可以使用以下程式碼：

```
while True:           # 一直重複執行
    led.value(0)      # 點亮 LED
    time.sleep(0.5)   # 暫停 0.5 秒
    led.value(1)      # 熄滅 LED
    time.sleep(0.5)   # 暫停 0.5 秒
```

請注意！如上所示，屬於 while 的程式區塊要『以 4 個空格向右縮排』, 表示它們是屬於上一行 (while) 的區塊，而其他非屬 while 區塊內的程式『不可縮排』, 否則會被誤認為是區塊內的敘述。

其實 Python 允許我們用任意數量的空格或定位字元 (Tab) 來縮排，只要同一區塊中的縮排都一樣就好。不過建議使用 4 個空格，這也是官方建議的用法。

區塊縮排是 Python 的特色，可以讓 Python 程式碼更加簡潔易讀。其他的程式語言大多是用括號或是關鍵字來決定區塊，可能會有人寫出以下程式碼：

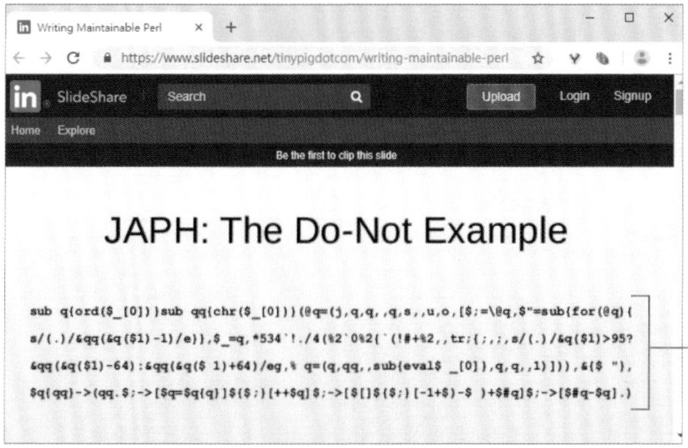

沒有縮排全都擠在一起的程式碼

就像寫作文規定段落另起一行並空格一樣，在區塊縮排強制性規範之下，Python 程式碼便能維持一定基本的易讀性。

Lab02

閃爍 LED

實驗目的	用 Python 的 while 迴圈重複執行 LED 的控制程式，使其每 0.5 秒閃爍一次。
材料	• D1 mini

線路圖

無需接線。

程式設計

請在 Thonny 開發環境上半部的程式編輯區輸入以下程式碼，輸入完畢後請按 Ctrl + S 儲存檔案：

```
# 從 machine 模組匯入 Pin 物件
from machine import Pin
# 匯入時間相關的 time 模組
import time

# 建立 2 號腳位的 Pin 物件, 設定為輸出腳位, 並命名為 led
led = Pin(2, Pin.OUT)

while True:           # 一直重複執行
    led.value(0)      # 點亮 LED
    time.sleep(0.5)   # 暫停 0.5 秒
    led.value(1)      # 熄滅 LED
    time.sleep(0.5)   # 暫停 0.5 秒
```

實測

請按 F5 執行程式，即可看到 LED 每 0.5 秒閃爍一次。

⚠ 如果想要讓程式在 D1 mini 開機自動執行，請在 Thonny 開啟程式檔後，執行選單的**檔案 / 儲存複本 ...** 命令後點選 **MicroPython 設備**，在 **File name:** 中輸入 **main.py** 後點擊 **OK**。若想要取消開機自動執行，請儲存一個空的程式即可。

軟體補給站

安裝 MicroPython 到 D1 mini 控制板

如果你從市面上購買新的 D1 mini 控制板，預設並不會幫您安裝 MicroPython 環境到控制板上，請依照以下步驟安裝：

1. 請依照第 1-5 節下載安裝 D1 mini 控制板驅動程式，並檢查連接埠編號。
2. 請至 https://micropython.org/resources/firmware/esp8266-20191220-v1.12.bin 下載 MicroPython 韌體。
3. 至 Thonny 功能表點選**工具 / 管理外掛模組 ...**，輸入 **esptool** 後按下**從 PyPI 尋找套件**。

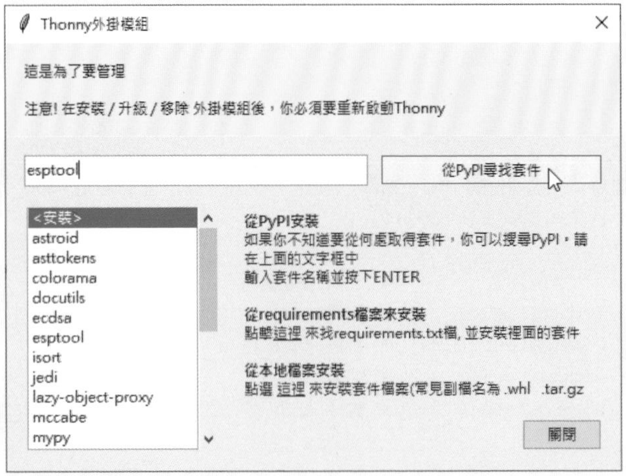

▶接下頁

4. 按下**安裝**，完成後按下**關閉**。

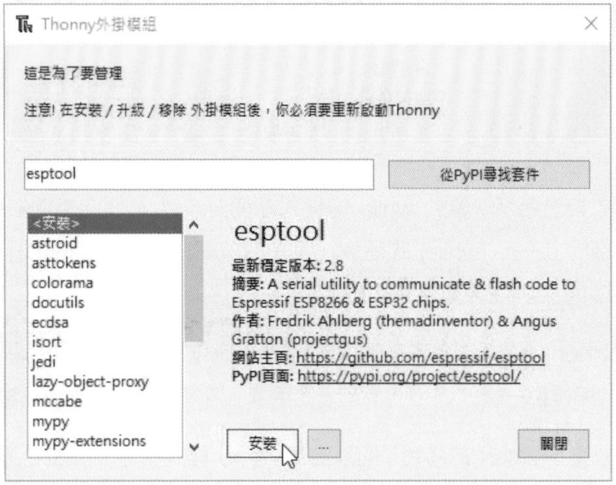

5. 安裝完 esptool 後回到 Thonny 功能表點選**工具 / 選項 / 直釋器**，選擇 **MicroPython(ESP8266)** 選項，**連接埠**選擇**裝置管理員**中顯示的埠號，筆者的是 **COM3**, 之後按下**開啟對話框，安裝或升級設備 ...** 按鈕。

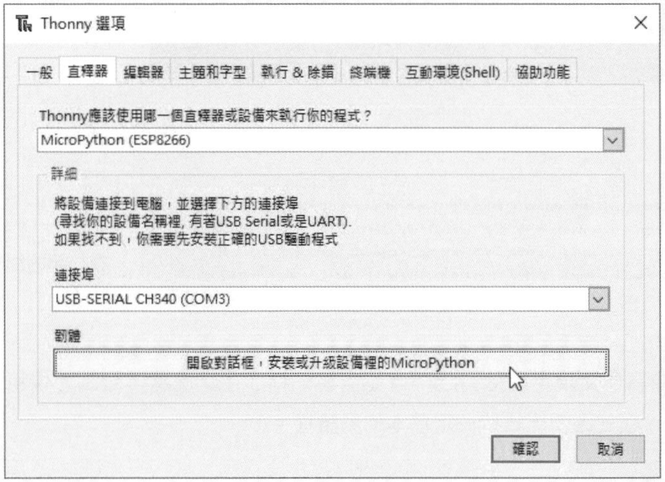

▶接下頁

6. 選擇 Port 以及方才下載的 MicroPython 韌體的路徑後按下 **Install**，燒錄完畢按下確認。

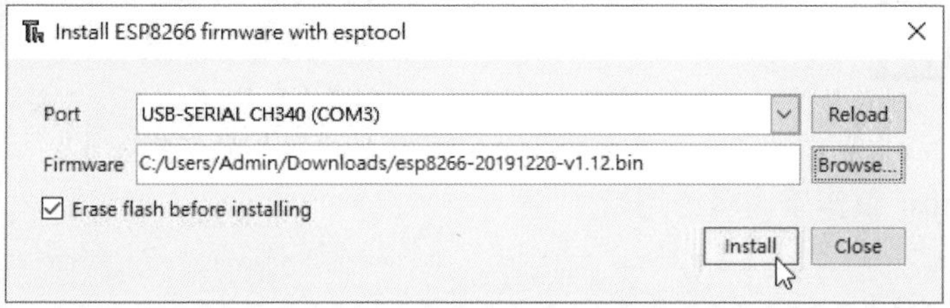

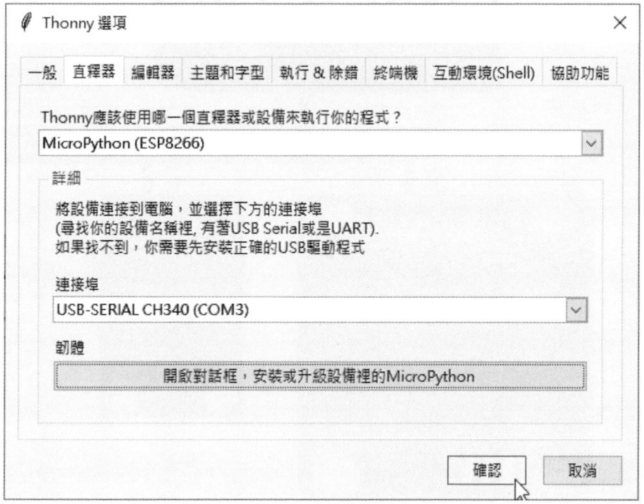

▶ 接下頁

7. 若 **Shell** 窗格中出現 MicroPython 字樣代表燒錄成功。

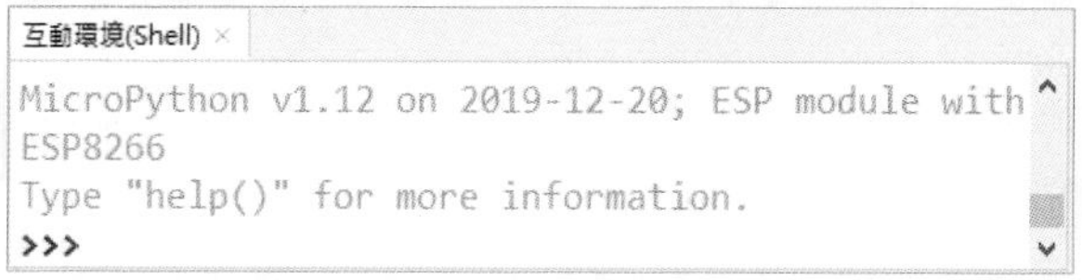

MEMO

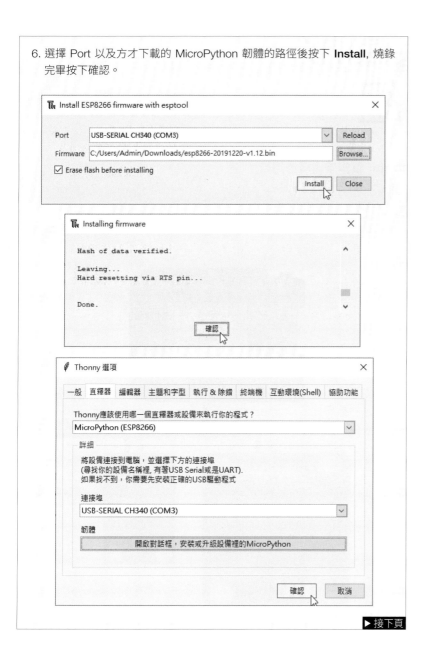

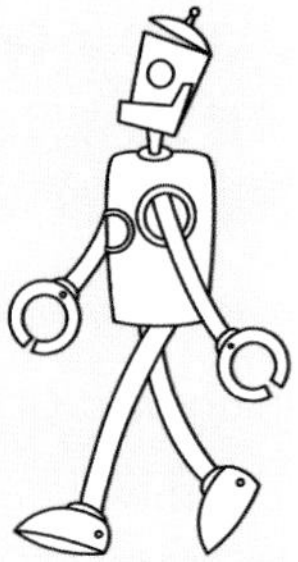

CHAPTER 02

顯示文字與圖形 – OLED 模組

工欲善其事, 必先利其器。我們使用 D1 mini 製作感測器應用時, 若能有一個小螢幕來顯示資訊就會很方便。

2-1 認識 OLED 模組

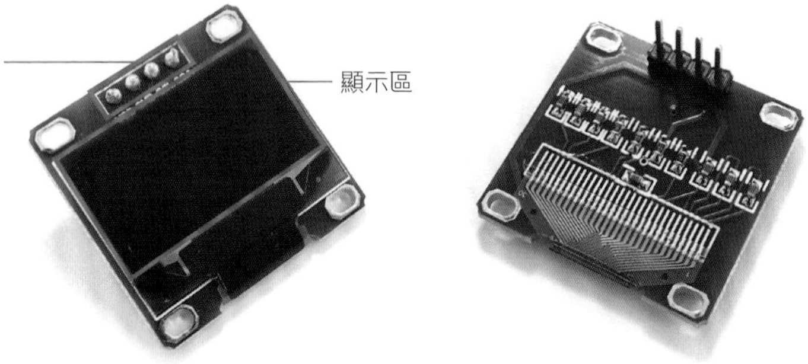

OLED 是 **Organic LED** (有機 LED) 的縮寫，目前已普遍用於手機和電視螢幕，能做得很輕薄、電力消耗量也不高。我們這裡使用的是 0.96 吋 OLED 模組，驅動晶片為 SSD1306, 解析度 128x64 像素。

D1 mini 必需透過 **I2C 通訊協定**來控制這種 OLED 模組。I2C (Inter-Integrated Circuit, 積體電路匯流排，發音『I-squared-C』) 是一種能用來控制周邊電子元件的通訊協定，開發板只要用 2 條線 -- **串列時脈線** (SCL) 與**串列資料線** (SDA) 就能控制多個外部裝置，減少接線的數量複雜度。

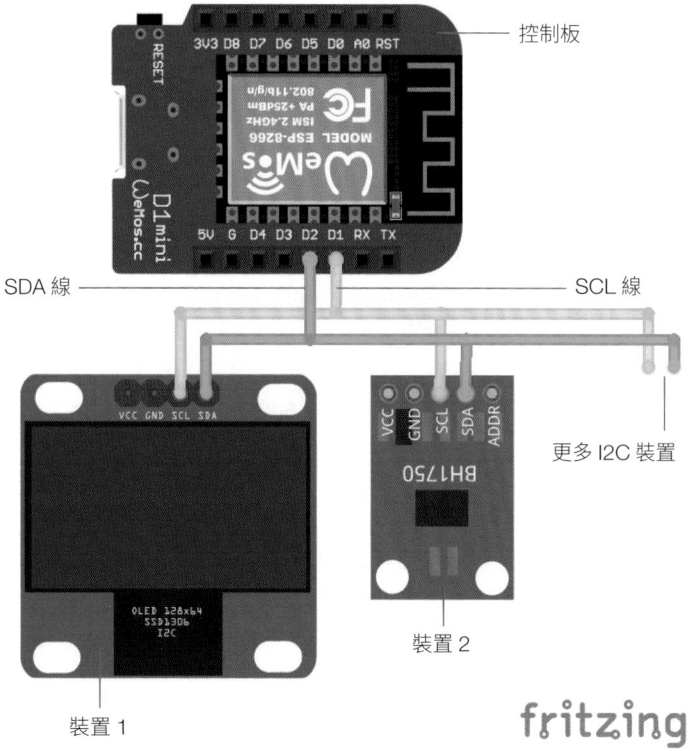

2-2 在 OLED 顯示文字

現在，我們就來學習如何在 OLED 模組上顯示一行文字。

Lab03 使用 OLED 模組顯示文字

實驗目的	讓 OLED 顯示一行文字
材料	• D1 mini • OLED 模組

線路圖

線路圖中的曲線代表杜邦線，每個顏色的杜邦線功能都一樣，實際接線時不需要完全依照圖中的顏色接線。

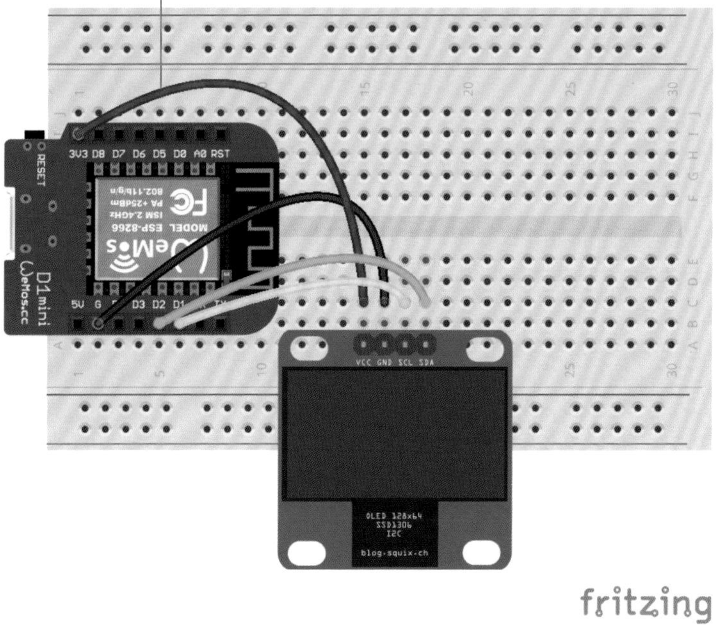

OLED 腳位	意義	D1 mini 對應腳位
VCC	電源	3V3
GND	接地	G
SCL	串列時脈線	D1 (5 號腳位)
SDA	串列資料線	D2 (4 號腳位)

設計原理

要控制 OLED, 必須先建立 I2C 物件，然後使用 I2C 物件來建立 OLED 物件。第一步是匯入相關函式庫：

```
# 匯入 machine 的 Pin 和 I2C 子函式庫
from machine import Pin, I2C
# 匯入 OLED 函式庫
from ssd1306 import SSD1306_I2C
```

⚠ ssd1306 函式庫為 MicroPython 的內建功能，因此可直接匯入使用。

接著建立 I2C 物件：

```
# 指定 SCL 在 5 號腳位(D1), SDA 在 4 號腳位(D2)
I2c = I2C(scl=Pin(5), sda=Pin(4))
```

然後建立 OLED 物件：

```
# 指定寬 128 像素, 高 64 像素, 以及要使用的 I2C 物件
oled = SSD1306_I2C(128, 64, i2c)
```

這麼一來，你就能用 oled.text() 方法在 OLED 上顯示文字：

```
oled.text("I love PYTHON!", 0, 0) # 在座標(0, 0)顯示文字
oled.show() # 套用改變
```

OLED 的座標軸如下：

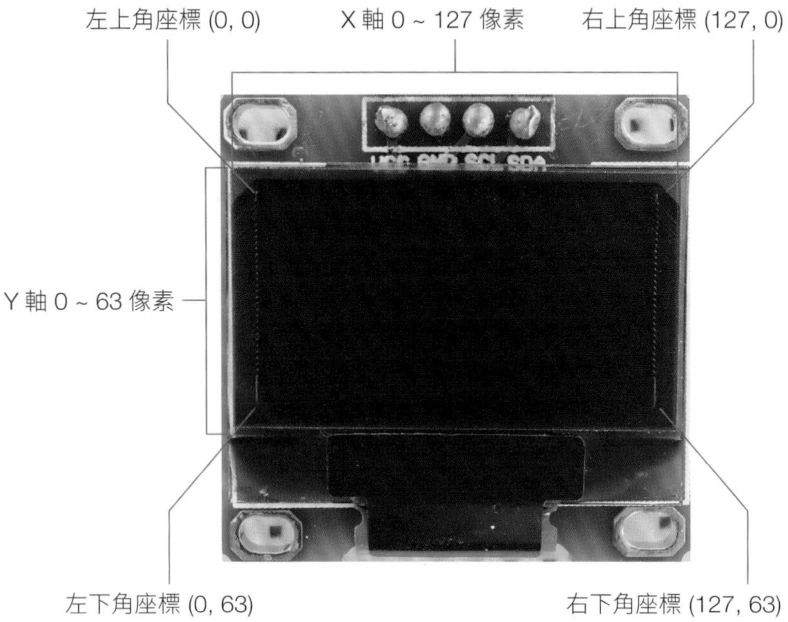

⚠ 記得程式內一定要呼叫 oled.show(), 螢幕上才會顯示你更新的內容。

程式設計

```
from machine import Pin, I2C
from ssd1306 import SSD1306_I2C

i2c = I2C(scl=Pin(5), sda=Pin(4))
oled = SSD1306_I2C(128, 64, i2c)

oled.text("I love PYTHON!", 0, 0)
oled.show()
```

各位也可試試看改變 oled.text() 後面的座標數字，實驗看看把文字顯示在不同位置。

實測

執行程式便會看到 OLED 模組顯示出文字：

⚠ 如果執行程式時，編輯器顯示錯誤訊息 OSError: [Errno 110] ETIMEDOUT, 表示 I2C 線路沒接好，開發板無法與 OLED 溝通。請檢查接線是否有誤或鬆動。

2-3 顯示不斷更新的資料

在設計感測器應用時，通常會需要顯示持續變化的資料值。在這裡我們就先來在 OLED 上顯示一個會不斷變動的資料：D1 mini 開機後經過的時間。

Lab04

在 OLED 不斷顯示和更新資料

實驗目的	讓 OLED 顯示 D1 mini 開機後經過的時間	
材料	• D1 mini	• OLED 模組

線路圖

同 Lab 03。

設計原理

為了取得 D1 mini 開機後系統經過的時間，要使用 utime 函式庫底下的 ticks_ms() 函式：(ms 代表 millisecond 或毫秒，即千分之一秒)

⚠ utime 函式庫為 Micropython 特有的函式庫，與一般在 PC 上常使用的 Python 的 time 函式庫不同，是精簡版的函式庫，內容更少但基本的功能都可以使用。而 utime 前面的 "u" 字就是 micro 的意思。

```
import utime # 匯入時間計算函式庫
system_time = utime.ticks_ms()     # 取得系統開機後經過毫秒數
oled.text(str(system_time), 0, 0) # 在 OLED 印出資料
oled.show() # 讓 OLED 顯示資料
```

由於變數 system_time 得到的時間值是**數值**，但 oled.text() 方法只能顯示**文字資料**，因此必須用 str() 將數值轉為文字型態，才不會產生程式錯誤。

我們在第一章介紹過使用 while 迴圈來重複執行程式，所以這裡可用同樣的方式連續顯示慢慢增加的毫秒數：

```
while True: # 無窮迴圈
    system_time = utime.ticks_ms()
    oled.text(str(system_time), 0, 0)
    oled.show()
    utime.sleep_ms(100) # 每次停頓 100 毫秒
```

這邊使用 utime 函式庫底下的 sleep_ms() 函式，跟第一章使用到的 time.sleep() 函式一樣可以停頓執行中的程式，但單位是毫秒也就是 1/1000 秒。

由於控制板和 OLED 通訊需要一點點時間，我們也不需要那麼密集更新數字，故在迴圈內加入 100 毫秒 (0.1 秒) 的時間延遲。

但是這樣執行後，會發現字全部疊在一起⋯⋯

因此，每次顯示新資料前必須先清除畫面：

```
oled.fill(0)
```

oled.fill() 方法的功能是把整個螢幕的像素填滿或清除，fill(1) 是填滿，fill(0) 便等於是清空螢幕上的任何字。

此外，如果螢幕上只顯示一行數字，旁人看了根本不曉得是哪種資料，所以我們要加上說明文字：

```
oled.text("System time: " + str(system_time), 0, 0)
```

不過，這樣文字會太長和超出 OLED 顯示範圍，因此得分成兩行：

```
oled.text("System time: ", 0, 0)
oled.text(str(system_time) + " ms", 0, 8)
```

OLED 的內建字體高度是 8 像素，因此第二行的 Y 座標建議從 8 開始，才不會與第一行重疊。

在以下程式中，我們把時間資料顯示在第三行 (Y 座標 16)，好跟 "System time: " 這行字之間空一行，不至於擠在一起。顯示結果會如下圖：

程式設計

```
from machine import Pin, I2C
from ssd1306 import SSD1306_I2C
import utime

i2c = I2C(scl=Pin(5), sda=Pin(4))
oled = SSD1306_I2C(128, 64, i2c)

while True:

    system_time = utime.ticks_ms()

    oled.fill(0)
    oled.text("System time: ", 0, 0)    # 顯示於第一行
    oled.text(str(system_time), 0, 16) # 顯示於第三行
    oled.show()

    utime.sleep_ms(100)
```

實測

執行程式，即可看到 OLED 上出現不斷更新的系統開機後毫秒數。

2-4 畫個愛心

當我們設計感測器應用時，除了顯示文字與數字，可能也希望用圖形方式表達更豐富的感測器狀態。因此本節將介紹如何於 OLED 模組上繪製自訂圖形。

Lab05

在 OLED 上畫個愛心

實驗目的	讓 OLED 顯示自訂的 8x8 愛心圖案	
材料	● D1 mini	● OLED 模組

線路圖

同 Lab 03。

設計原理

為了在 OLED 模組上畫出自訂圖案，使用者必須先定義圖案的像素資料，並轉換成 OLED 可用來繪圖的**影格緩衝區** (framebuffer) 物件。

舉例來說，下面這個畫在 8x8 方格內的愛心圖案

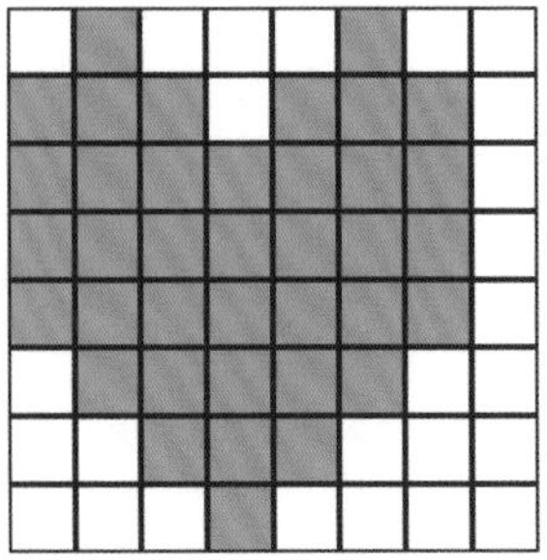

如果將有像素的格子視為 1, 沒像素的格子視為 0, 就可轉成以下表格：

	行 0 最高位元	行 1	行 2	行 3	行 4	行 5	行 6	行 7 最低位元		(LSB) 2 進位值 最高 ← 最低 位元 位元	16 進位值
列 0 最低位元	0	1	0	0	0	1	0	0	→	01000100	0x44
列 1	1	1	1	0	1	1	1	0	→	11101110	0xee
列 2	1	1	1	1	1	1	1	0	→	11111110	0xfe
列 3	1	1	1	1	1	1	1	0	→	11111110	0xfe
列 4	1	1	1	1	1	1	1	0	→	11111110	0xfe
列 5	0	1	1	1	1	1	0	0	→	01111100	0x7c
列 6	0	0	1	1	1	0	0	0	→	00111000	0x38
列 7 最高位元	0	0	0	1	0	0	0	0	→	00010000	0x10
	↓	↓	↓	↓	↓	↓	↓	↓			
(LSB) 2 進位值 最低位元 ↓ 最高位元	00011110	00111111	01111110	11111100	01111110	00111111	00011110	00000000			
16 進位值	0x1e	0x3f	0x7e	0xfc	0x7e	0x3f	0x1e	0x00			

在這圖案中，每一行或每一列的 0 或 1 可以組合起來變成 2 進位數，但方向有兩種，**最低位元優先排列** (Least Significant Bit, LSB) 以及**最高位元優先排列** (Most Significant Bit, MSB)。這指的是寫成 2 進位值時最低還是最高位元要在最右側。

如果是水平方向（以列為主)，LSB 的排法會和圖案本身一樣，使第 0 列的 2 進位值是 01000100, 換算成 16 進位值即為 0x44。MSB 排法則會左右相反，第 0 列的 2 進位值會是 00100010, 換算成 16 進位值即為 0x22。

軟體補給站

10 進位、2 進位與 16 進位是如何計算數值的呢？

10 進位數顧名思義，每一位數由 0 到 9 共 10 個數字表示。以 124 為例：

1	2	4	數值
10^2	10^1	10^0	每一位數對應的權重
100	10	1	
100	20	4	位數乘上權重加總即得 100 + 20 + 4 =124

2 進位每一位只有 0 和 1 兩種狀態。以 124 的 2 進位數 01111100 為例：

0	1	1	1	1	1	0	0	數值
2^7	2^6	2^5	2^4	2^3	2^2	2^1	2^0	每一位數對應的權重
128	64	32	16	8	4	2	1	
0	64	32	16	8	4	0	0	位數乘上權重加總即得 64 + 32 + 16 + 8 + 4 = 124

若要在 Python 中表示 2 進位數，得在前面加上 0b, 如 0b01111100。

用 2 進位數實在太長了，這時就可以把 2 進位數轉換成短得多的 16 進位。16 進位即每一位由 16 個數字表示，也就是 0 到 9 以及 a (10), b (11), c (12), d (13), e (14) 和 f (15)。以 124 的 16 進位數 7c 為例：

7	c (12)	數值
16^1	16^0	每一位數對應的權重
16	1	
112	12	位數乘上權重 加總即得 112 + 12 = 124

▶接下頁

16 進位數只要 2 位數就能表示 2 進位的 8 位數，因此很常用於電腦系統與程式運算。在 Python 中為了識別 16 進位數，前面要加上 0x, 例如 0x7c。

將 01111100 換算成 10 進位的 124 後，若要換算成 16 進位，只要輪流除 16 進位個別位數的權重即可：

$124 \div 16^2$ (不夠除，跳過)

$124 \div 16^1 = 7$ 餘 12 (c), 因此得到 7c

更簡單的方法是把 2 進位數每 4 位一個單位轉成 16 進位數即可：

0	1	1	1	1	1	0	0	數值
2^3	2^2	2^1	2^0	2^3	2^2	2^1	2^0	每一位數對應的權重
8	4	2	1	8	4	2	1	
0	4	2	1	8	4	0	0	位數乘上權重加總即得 4 + 2 + 1 = 7 8 + 4 = 12 (c)

因此也得到 7c。

在這裡我們使用水平方向 LSB 排法。用這方式換算出來的 8 個 16 進位值，就是這個 8x8 愛心圖案的像素資料：（我們稍後會介紹如何用工具協助算出 16 進位值。)

```
pic_list= [0x44, 0xee, 0xfe, 0xfe, 0xfe, 0x7c, 0x38, 0x10]
```

pic_list 是個**串列** (list), 也就是包含多重資料的物件，用 [] 中括號將內含值包起來。0x44 是陣列裡的第 0 項，0xee 是第 1 項…直到第 7 項為 0x10, 一共 8 項。

然後我們將 pic_list 轉換成**位元組陣列** (bytearray)，再轉為影格緩衝區 (framebuffer) 物件：

```
import framebuf # 匯入 framebuf 函式庫
# 前面的 pic_list 轉成 bytearray
pic_buffer = bytearray(pic_list)
# 再轉成 framebuffer
pic = framebuf.FrameBuffer(pic_buffer, 8, 8,
                           framebuf.MONO_HLSB)
```

在 framebuf.FrameBuffer() 方法中，第 1 個參數是包含像素資料的位元組陣列，第 2 和第 3 參數是圖案的寬和高度。第 4 參數則指出圖案像素資料是單色 (MONO) 、水平 (H) 並以最低位元優先排列 (LSB) 。

第 4 參數有幾種不同選擇：

MONO_HLSB	單色，水平，最低位元優先排列
MONO_HMSB	單色，水平，最高位元優先排列
MONO_VLSB	單色，垂直，最低位元優先排列
MVLSB	同 MONO_VLSB

若使用者以不同方向或順序產生圖像資料，就要搭配正確的參數才能畫出正確結果。例如，如果改用前面的垂直 LSB 排列方式，圖像資料就會是

```
pic_list = [0x1e, 0x3f, 0x7e, 0xfc, 0x7e, 0x3f, 0x1e, 0x00]
pic_buffer = bytearray(pic_array)
```

而呼叫 framebuf.FrameBuffer() 方法時就變成

```
pic = framebuf.FrameBuffer(pic_buffer, 8, 8,
                           framebuf. MONO_VLSB)
```

不論用哪種方法，最後轉換完成的 framebuffer 物件便可使用 oled.blit() 方法送到 OLED 顯示出來：

```
oled.blit(pic, 0, 0) # 在座標 (0, 0) 印出圖案
oled.show()
```

程式設計

```
from machine import Pin, I2C
from ssd1306 import SSD1306_I2C
import framebuf

oled = SSD1306_I2C(128, 64, I2C(scl=Pin(5), sda=Pin(4)))

pic_list = [0x1e, 0x3f, 0x7e, 0xfc, 0x7e, 0x3f, 0x1e, 0x00]

pic_buffer = bytearray(pic_list)
pic = framebuf.FrameBuffer(pic_buffer, 8, 8,
                           framebuf.MONO_VLSB)

oled.text("I", 8, 8)
oled.blit(pic, 20, 8)
oled.text("PYTHON", 32, 8)
oled.rect(4, 4, 80, 16, 1) # 畫方框
oled.show()
```

執行以上程式，你就會看到螢幕上出現『I ♥ PYTHON』, 而且被方框包住。

軟體補給站 繪製圖案和產生像素陣列

你可以用 http://dotmatrixtool.com 這個網站來繪製圖案和產生像素陣列。在網頁上選擇想要的寬和高度，**Byte order**（位元順序）選 **column major**（垂直），**Endian** 選 **little endian**（即最低位元優先排列）。

畫好圖後點 **Generate**（產生），然後把下面那串 16 進位數字複製起來：

將這串數字覆蓋掉程式碼中陣列變數 pic_list 後面的 [] 框框內的數字即可。

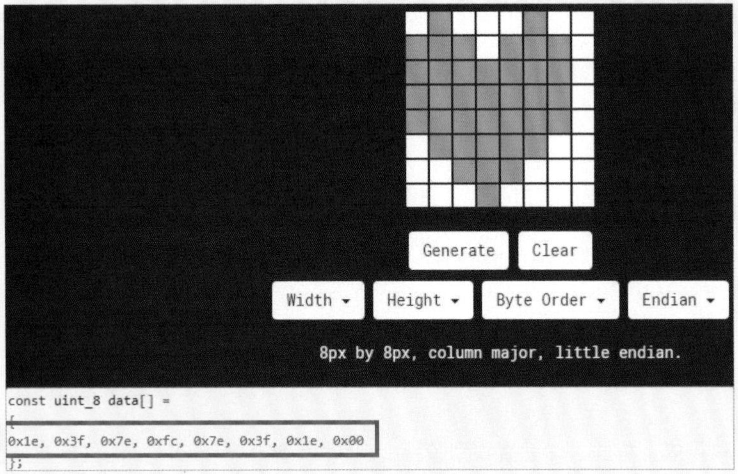

記得 framebuf.FrameBuffer() 中的寬與高度參數必須配合你的圖案大小。執行程式後便能看到新圖案顯示出來。

⚠ 由於這個網站在位元排列方式 (Byte Order) 為 row major（水平）時，最高位元和最低位元的排列方向剛好和 MicroPython 相反，因此若您在這個網站中使用水平排列方式，在程式碼內使用的位元排列參數就必須與此網頁中的設定相反。例如在網頁中的 Endian 選擇 Big Endian (MSB, 最高位元優先排列）時，在程式內的參數就要輸入 MONO_HLSB（水平，最低位元優先排列）才能正常顯示圖案。

2-5 其它繪圖功能

在 Lab 05 程式中，有一行程式碼能在 OLED 上畫出方框。其實 OLED 還有許多內建繪圖功能：

```
oled.fill(1)           # 點亮所有畫素
oled.invert(1)         # 螢幕反相
oled. contrast(255) # 設定對比度 (0~255)
oled.pixel(x, y, 1) # 點亮座標 x, y 的像素
oled.hline(x, y, len, 1) # 畫水平線, 起點座標 x, y 長度 len
oled.vline(x, y, len, 1) # 畫垂直線, 起點座標 x, y 長度 len
oled.line(x1, y1, x2, y2, 1) # 畫直線, 從座標 x1, y1 到 x2, y2
oled.rect(x1, y1, x2, y2, 1) # 畫方框, 兩角座標 x1, y1 到 x2, y2
oled.fill_rect(x1, y1, x2, y2, 1) # 畫實心方塊, 兩角座標 x1, y1
                                    到 x2, y2
oled.scroll(x, y)              # 捲動畫面 x, y 像素
```

許多方法最後面的 1 代表畫出顏色，若設為 0 就等於清除顏色，可以用來塗掉或挖空既有的圖案。自己來試試看畫些有趣的東西吧！

MEMO

CHAPTER 03

判斷障礙物距離 – 超音波模組

超音波模組能利用超音波判斷障礙物遠近, 和海豚、蝙蝠及潛水艇聽音辨位的原理相同。

3-1 認識超音波模組

超音波測距原理

我們使用的 **HC-SR04P 超音波模組**有兩個『眼睛』, 其中一邊會發射頻率 40k 赫茲 (Hz, 每秒震動次數) 的超音波。超音波撞到物體反彈回來時，會被另一邊眼睛接收；由於超音波在空氣的傳播速度為每秒 340 公尺，因此只要將經過時間乘上速度除以 2, 就知道物體有多遠了。

HC-SR04P 可偵測的範圍為 2 公分至 4 公尺。

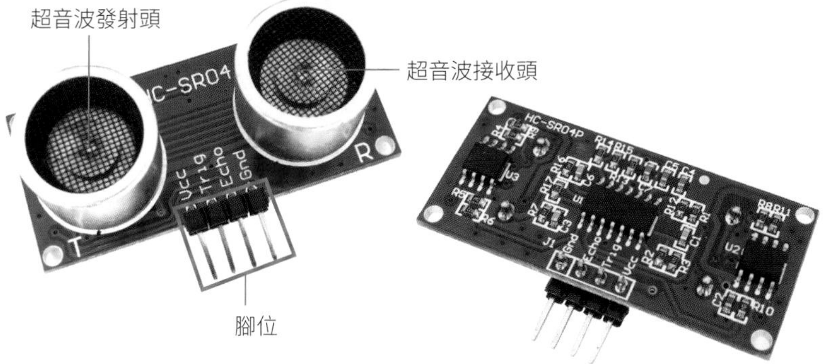

⚠ 人耳只能聽到最高 31 kHz 左右的聲音。但貓、狗、兔子、天竺鼠、刺蝟等寵物都可聽到 40 kHz 以上的頻率，因此請留意在動物附近使用時的可能影響。

安裝函式庫

要使用這模組，D1 mini 必須安裝 HC-SR04P 的函式庫。請照第一章下載本套件範例程式，然後在 Thonny 編輯器中打開檔案 hcsr04.py：

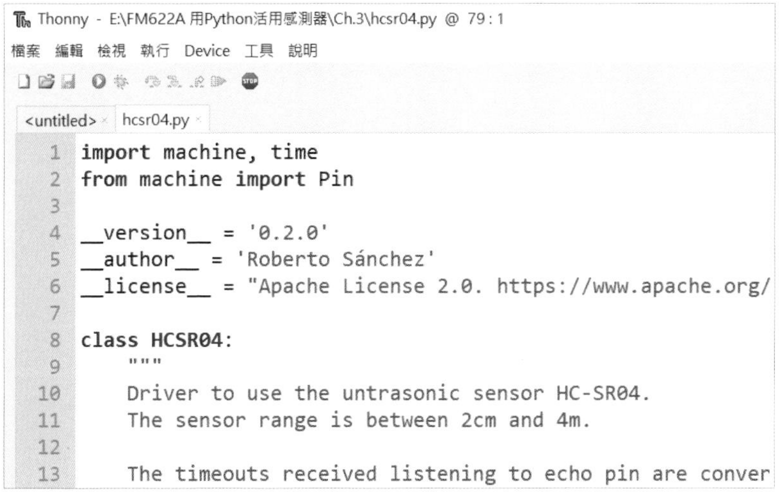


```
import machine, time
from machine import Pin

__version__ = '0.2.0'
__author__ = 'Roberto Sánchez'
__license__ = "Apache License 2.0. https://www.apache.org/

class HCSR04:
    """
    Driver to use the untrasonic sensor HC-SR04.
    The sensor range is between 2cm and 4m.

    The timeouts received listening to echo pin are conver
```

執行『**檔案 / 儲存複本**』:

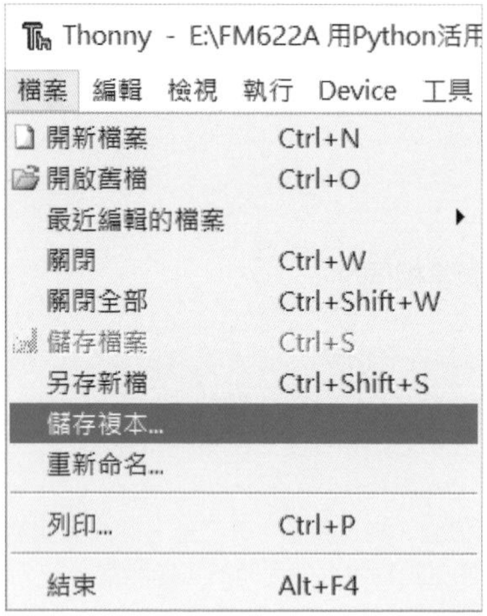

在彈出的交談窗中選擇 **MicroPython 設備** (如果交談窗中看不到文字，就點選兩個按鈕當中下方那個) :

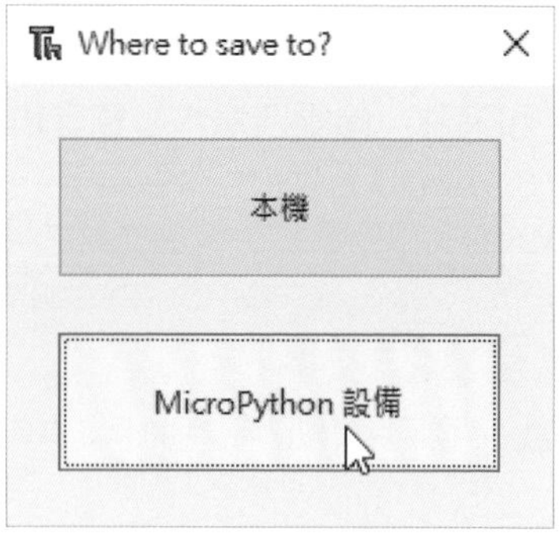

⚠ 如果按下儲存複本後沒有跳出兩個按鈕的視窗，請確認 D1mini 是否有用 USB 線連接電腦。

然後會看到 D1 mini 上儲存的所有檔案。在下面交談窗輸入檔名 **hcsr04.py** 並按 **OK**:

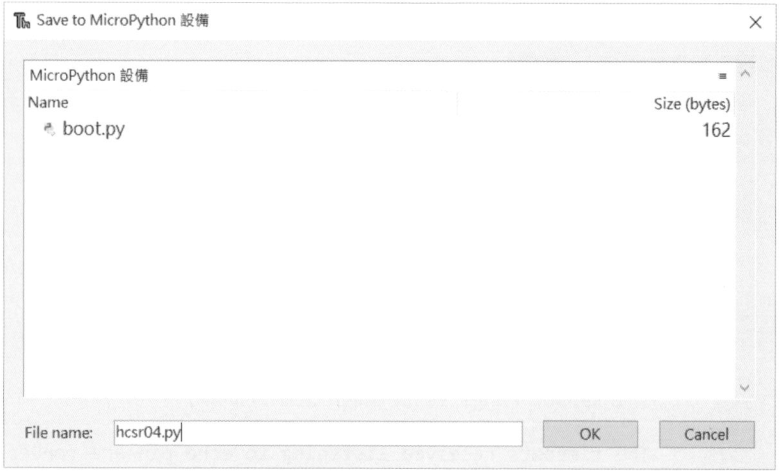

接著函式庫就會被上傳到 D1 mini 上。

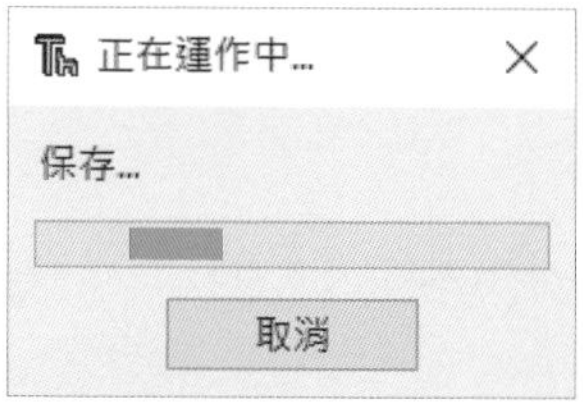

你可以在編輯器下方的互動環境視窗輸入 **import os**, 然後輸入 **os.listdir()** 來查詢控制板上儲存的檔案，看看是否上傳成功 :

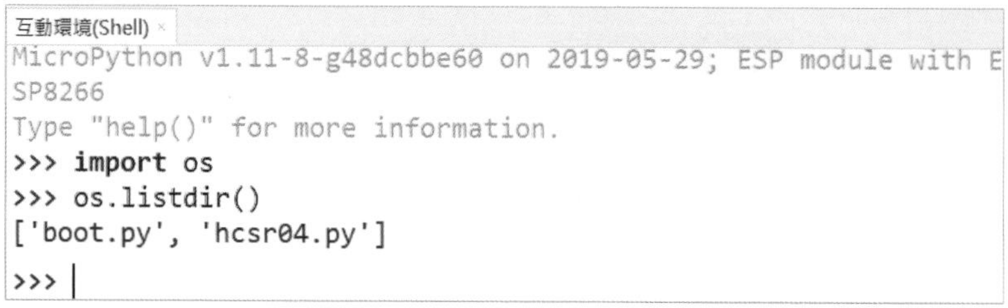

3-2 讀取障礙物距離

在本章第一個 Lab 中，我們就來讀取超音波模組偵測到的障礙物距離，將之顯示在 OLED 模組上。

Lab06

讀取並顯示障礙物距離

實驗目的	讀取超音波測距值並顯示在 OLED 上
材料	• D1 mini • OLED 模組 • 超音波模組

接線圖

超音波模組腳位	意義	D1 mini 對應腳位
Vcc	電源	3V3
Trig	觸發腳	D5 (14 號腳位)
Echo	接收腳	D6 (12 號腳位)
Gnd	接地	G

OLED 模組的接線方式請參閱第 2 章 Lab 03。

> 執行程式碼前請確認是否有安裝 hcsr04.py 函式庫，安裝函式庫的詳細步驟請參考第 3 章 3-1 節。

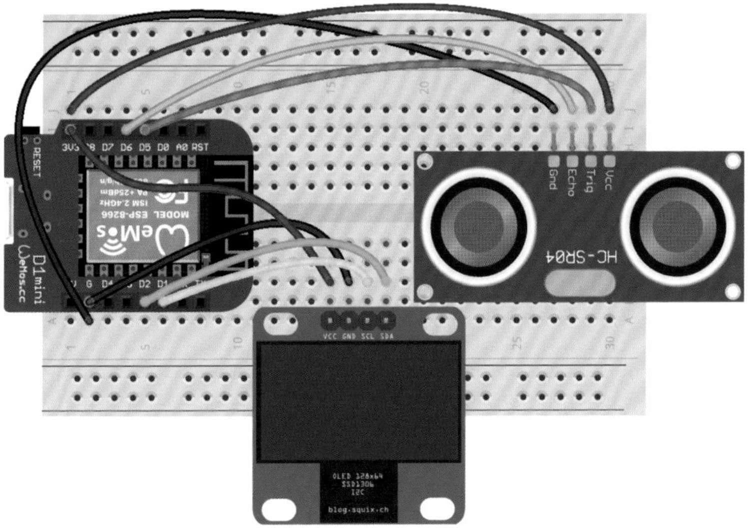

設計原理

為了使用超音波模組，必須先在程式開頭匯入函式庫：

```
from hcsr04 import HCSR04
```

接著建立超音波模組物件：

```
sonar = HCSR04(trigger_pin=14, echo_pin=12)
```

參數 trigger_pin 代表超音波模組的**觸發腳**，用來讓模組發出超音波，我們指定給 14 號腳位 (D5)。echo_pin 是**接收腳**，讀取模組收到的超音波，指定給 12 號腳位 (D6)。你不必擔心要怎麼讀取超音波；函式庫會幫我們處理好。

上面這行程式其實也可以寫成 HCSR04(14, 12), 但 Python 語言允許我們把參數名稱一併寫出來，這樣識別上會更清楚。

接著就能呼叫 **sonar.distance_cm()** 方法，讀取超音波模組偵測到的障礙物距離：

```
distance = sonar.distance_cm()
print(distance)
```

變數 distance 會儲存超音波模組的測距數值，單位為**公分**。這裡也用 print() 將資料印在編輯器的互動環境視窗內。

程式設計

```
from machine import Pin, I2C
from ssd1306 import SSD1306_I2C
from hcsr04 import HCSR04
import utime

oled = SSD1306_I2C(128, 64, I2C(scl=Pin(5), sda=Pin(4)))
sonar = HCSR04(trigger_pin=14, echo_pin=12)

while True:

    distance = sonar.distance_cm()
```

```
    oled.fill(0)
    oled.text("Distance:", 0, 0)
    oled.text(str(distance) + " cm", 0, 16) # 和 OLED 上一行字隔一行
    oled.show()
    print("偵測距離: " + str(distance) + " 公分")

    utime.sleep_ms(25)
```

實測

執行程式後，即可看到 OLED 模組顯示出超音波模組的偵測距離：

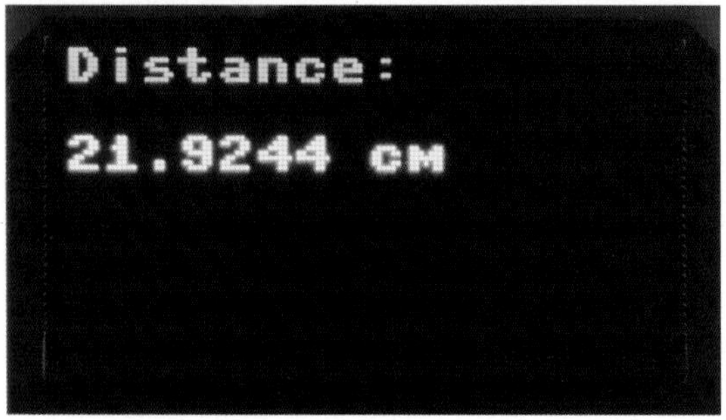

編輯器的互動環境視窗則會顯示類似以下結果：

```
偵測距離: 26.0653 公分
偵測距離: 26.4433 公分
偵測距離: 25.945 公分
偵測距離: 25.9622 公分
偵測距離: 25.9107 公分
```

硬體補給站

為什麼有時讀出來的距離是負值呢？這代表超音波模組未能正確收到反彈的超音波，導致算不出距離。當障礙物太小 (小於 0.5 平方公尺)、表面不平、角度太斜或正在移動，就有可能導致這種情況。

3-3 防盜警報器 – 使用無源蜂鳴器

既然超音波模組能判斷障礙物距離，所以也可以拿來當成警報器。只要把它擺在適當位置，就能判斷是否有不該出現的人經過，是的話就該發出警報了。

Lab07 防盜警報器

實驗目的	在超音波模組偵測到一定距離內有物體時，響起警報聲並顯示警報訊息
材料	• D1 mini • OLED 模組 • 超音波模組 • 無源蜂鳴器

在這個 Lab 裡，我們會加入無源蜂鳴器：

無源蜂鳴器使用所謂的壓電效應，當中的壓電陶瓷片會在以特定頻率通電後依該頻率震動、進而發出聲音，而這個頻率是可用程式控制的。

接線圖

蜂鳴器腳位	意義	D1 mini 對應腳位
發音孔旁有 + 號那側腳位	電源	D8 (15 號腳位)
另一側腳位	接地	G

超音波模組接線同 Lab 06, OLED 模組接線同第二章 Lab 03。

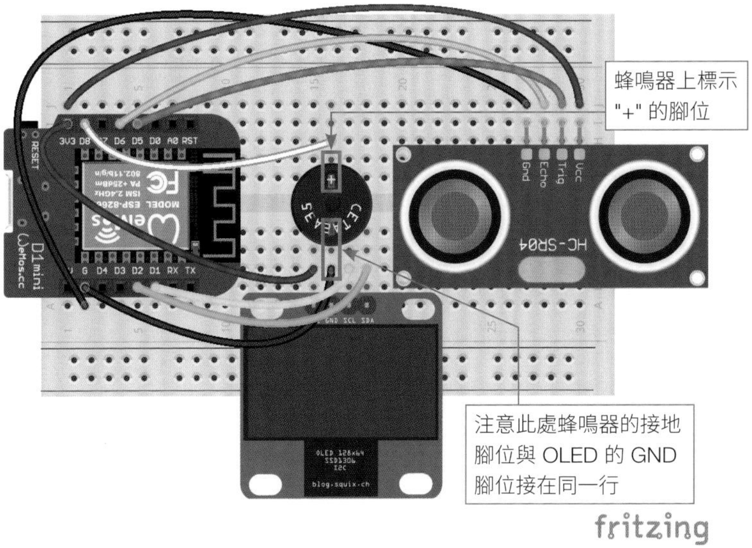

設計原理

為了讓無源蜂鳴器發出聲音，我們得使用 **PWM** (Pulse Width Modulation, 脈衝寬度調變) 來調整蜂鳴器的頻率。

什麼是 PWM 呢？其實開發板的腳位只能輸出 0 或 1 的信號，或者低電位 (無電壓) 或高電位 (最高電壓，以 D1 mini 而言是 3.3 伏特), 沒辦法直接輸出介於最高與最低之間的信號 (例如 0.5, 相當於 1.65 伏特)。這時就可以改用 PWM 來產生和調整電壓了。

簡單地說，PWM 會藉由交錯輸出 0 或 1 的方式，讓平均電壓落到我們想要的程度：

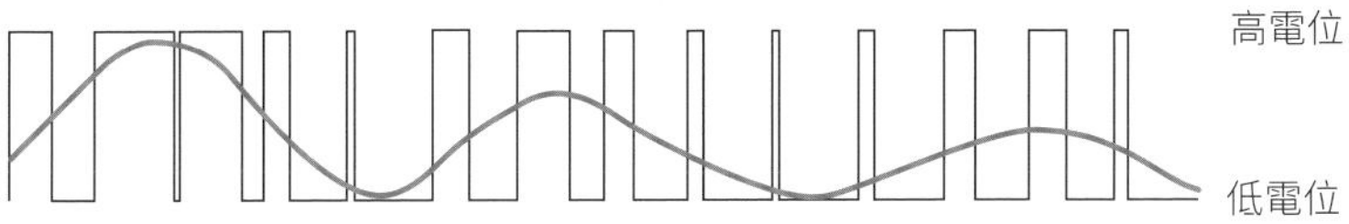

模擬出來的電壓值

PWM 有兩種參數，第一個是**工作週期** (duty cycle), 基本上就是高電位與低電位的輸出時間比例：

工作週期 10% (10% 高電位，90% 低電位)

工作週期 50%

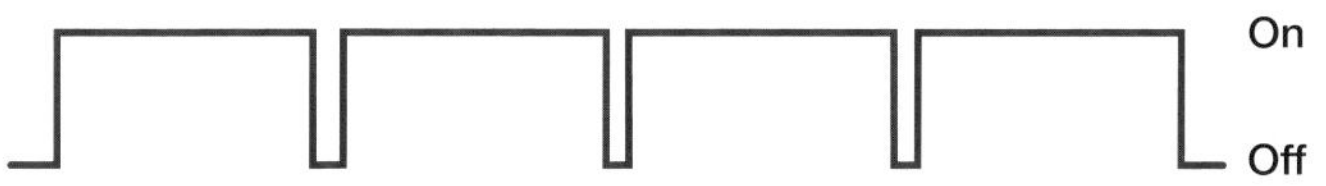

工作週期 90%

因此工作週期的值越高，產生的平均電壓就越高。若工作週期為 50%, 輸出電壓就是 50% 或 3.3 x 0.5 = 1.65 伏特。

第二個參數是**頻率**，也就是每秒電壓變高與變低的次數：

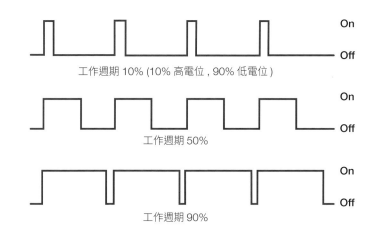

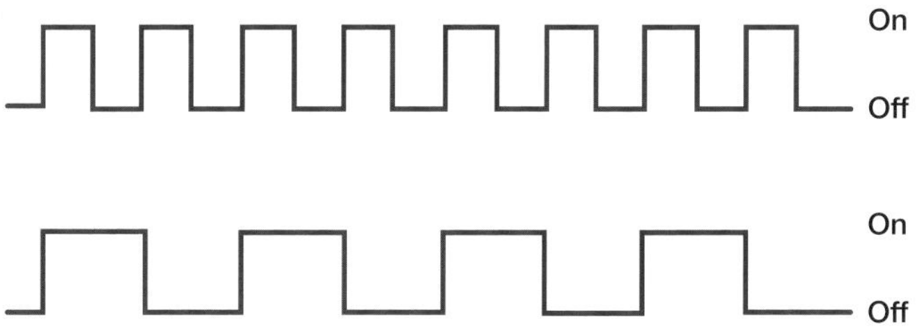

兩者工作週期皆為 50%, 輸出電壓相同，
但上面的輸出頻率是下面的 2 倍

當無源蜂鳴器的壓電片以特定頻率振動時，就會發出那個頻率的聲音。但是，工作週期該設為多少？由於壓電片在通電後會扭曲，不通電會恢復原狀，因此必須有『通電 - 不通電』的循環才能產生振盪。當通電與不通電的時間一樣時 (工作週期 50%)，蜂鳴器的振動效果最好，聲音也就最大。因此，控制蜂鳴器時的輸出電壓其實是固定的，重點在於調整 PWM 的頻率。

⚠ 無源蜂鳴器的『無源』意思是沒有振盪源，必須由外部控制使壓電片振動。相對的另外有種『有源蜂鳴器』，本身有振盪源，通電就會發出聲音，但也因此無法改變音高。

為了在 MicroPython 使用 PWM 功能，我們必須匯入相關函式庫：

```
from machine import Pin, PWM # 匯入 Pin 和 PWM 子函式庫
```

然後建立 PWM 物件 (在此取名為 buzzer)，指定給 15 號腳位 (D8)，並設定頻率為 0、工作週期為 512:

```
buzzer = PWM(Pin(15, Pin.OUT))
buzzer.freq(0)
buzzer.duty(512)
```

參數 freq (frequency) 就是 PWM 的輸出頻率，這裡設為 0 (即不會震動，沒有聲音)。**duty** 則是 PWM 的工作週期；最大值為 1023，因此 50% 就相當於 512。這裡和前面一樣，將參數名稱一併寫出來，方便讀者識別。

上面這三行程式也能合併成一行：

```
buzzer = PWM(Pin(15, Pin.OUT), freq=0, duty=512)
```

接下來，我們就能透過 buzzer.freq() 方法來改變蜂鳴器要發出的頻率。下表是一些音高的頻率範例：

音符	中音 C	D	E	F	G	A	B
唱名	Do	Re	Mi	Fa	Sol	La	Ti
頻率 (Hz)	261	294	330	349	392	440	494

```
from machine import Pin, PWM
import utime
buzzer = PWM(Pin(15, Pin.OUT), freq=0, duty=512)

buzzer.freq(261) # 頻率設為 261Hz->中音 C (Do)
utime.sleep_ms(1000) #讓聲音持續 1000 毫秒
buzzer.deinit() # 結束，關閉 PWM (完全關閉蜂鳴器)
```

你可參考維基百科『鋼琴頻率表』對照音符頻率。但注意 PWM 頻率必須設為整數，所以得自行四捨五入。

⚠ D1 mini 的 PWM 頻率輸出範圍為 1 Hz 至 1000 Hz (1 kHz)，因此控制板能透過蜂鳴器發出的最高音符為高音 B/Ti (988 Hz)。此外，腳位 D0 (16 號) 無法使用 PWM 功能。

在以下程式中蜂鳴器的頻率被初始設定為 880 (高音 A/La)，且工作週期 (duty) 被設定為 0，使蜂鳴器不發出聲音，當超音波模組測到的距離大於等於 2 公分、並小於等於指定的觸發警報距離 (在此例為 10 公分) 時，蜂鳴器工作週期就會被設為 512。反之工作週期會設為 0，讓蜂鳴器不響。

程式設計

```
from machine import Pin, I2C, PWM
from ssd1306 import SSD1306_I2C
from hcsr04 import HCSR04
import utime

alarm_distance = 10 # 觸發警報距離
```

```
oled = SSD1306_I2C(128, 64, I2C(scl=Pin(5), sda=Pin(4)))
sonar = HCSR04(trigger_pin=14, echo_pin=12)

buzzer = PWM(Pin(15, Pin.OUT), freq=880, duty=0)

while True:

    distance = sonar.distance_cm()

    oled.fill(0)
    oled.text("Distance:", 0, 0)
    oled.text(str(distance) + " cm", 0, 16)

    if 2 <= distance <= alarm_distance:
        buzzer.duty(512)
        oled.text("!!! ALARM !!!", 0, 40) # 也在 OLED 顯示警報訊息
        print("!!! 觸發警報 !!!")
    else:
        buzzer.duty(0)
        print("無警報")

    oled.show()

    utime.sleep_ms(25)
```

實測

執行程式後，當超音波模組在 10 公分內偵測到物體時，蜂鳴器就會響，OLED 模組和編輯器互動環境視窗也可看到訊息。

```
無警報
無警報
!!! 觸發警報 !!!
!!! 觸發警報 !!!
!!! 觸發警報 !!!
```

你可以自行更改 alarm_distance 變數的值，來改變觸發警報的距離。

3-4 倒車雷達

測距功能在生活中無所不在，其中一個應用就是現代許多汽車配備的倒車雷達，能用聲音提醒你車尾距離障礙物有多遠。這裡我們就來用超音波模組實作具有類似功能的裝置。

Lab08 倒車雷達

實驗目的	讀取超音波模組的測距值，除了顯示在 OLED 上，也拿來控制喇叭發出聲音的間隔長短
材料	• D1 mini • OLED 模組 • 超音波模組 • 無源蜂鳴器

接線圖

同 Lab 07。

設計原理

為了調整蜂鳴器發出聲響的間隔，好反映偵測距離的遠近，我們得改變 while 迴圈內的延遲時間，而這個時間可以用超音波模組的測距值來計算。在以下程式中，我們設定超音波的測距範圍為 2 到 50 公分，而這個距離值乘上 10 就是 while 迴圈停頓的時間值 (20 至 500 毫秒)。

此外超音波模組偵測到物體時，我們也要讓蜂鳴器發出短促聲響：蜂鳴器會響 10 毫秒然後關閉，這樣才不會變成連續音。因此 while 迴圈的等待時間要再減去 10 毫秒。

```
while True:

distance = sonar.distance_cm()

   if 2 <= distance <= 50:
        buzzer.duty(512)
        utime.sleep_ms(10)
        buzzer.duty(0)
        sound_delay = int(distance) * 10 - 10

utime.sleep_ms(sound_delay)
```

程式設計

```
from machine import Pin, I2C, PWM
from ssd1306 import SSD1306_I2C
from hcsr04 import HCSR04
import utime

oled = SSD1306_I2C(128, 64, I2C(scl=Pin(5), sda=Pin(4)))
sonar = HCSR04(trigger_pin=14, echo_pin=12)

buzzer = PWM(Pin(15, Pin.OUT), freq=784, duty=0)
```

```
sound_delay = 500
buzzer_time = utime.ticks_ms()

while True:

    distance = sonar.distance_cm()
    oled.fill(0)
    oled.text("Distance:", 0, 0)
    oled.text(str(distance) + " cm", 0, 16)
    oled.show()
    print("偵測距離: " + str(distance) + " 公分")

    if 2 <= distance <= 50:
        buzzer.duty(512)
        utime.sleep_ms(10)
        buzzer.duty(0)
        sound_delay = int(distance) * 10 - 10
    else:
        sound_delay = 500

    utime.sleep_ms(sound_delay)
```

實測

執行程式，並把手慢慢靠近超音波模組，即可聽到蜂鳴器以越來越急促的間隔發出聲音。

3-5 無弦空氣琴

有種樂器叫特雷門琴，靠靜電天線來感應手的位置、藉此調整音高，看起來就好像是用空氣演奏。現在，我們就要靠超音波模組來動態調整蜂鳴器唱出的頻率，使它變成名副其實的空氣樂器。

Lab09

無弦空氣琴

實驗目的	用超音波模組動態調整喇叭音高
材料	• D1 mini　• OLED 模組 • 超音波模組　• 無源蜂鳴器

接線圖

同 Lab 07。

設計原理

距離和音高頻率是兩碼子事，但是我們在此用點小技巧，讓程式可以直接把超音波模組測到的距離換算成頻率：

頻率下限 220 Hz (低音 A)	頻率上限 880 Hz (高音 A)	差距 880 – 220 = 660
測距下限 40 公厘	測距上限 700 公厘	700 – 40 = 660

我們要用另一個函式從超音波模組讀取以公厘為單位的距離值：

```
distance = sonar.distance_mm()
```

由於我們選定的測距值和頻率值的範圍剛好相同，所以只要把測得的距離減去最低測距距離 40 公厘 (4 公分), 然後加上最低頻率值 220 就是轉換後的頻率。

舉例來說，如果測距結果是 200 公厘 (20 公分), 蜂鳴器的頻率就該設為 220 + (200 – 40) = 380, 接近中音 G (頻率 392 Hz)。當測距結果不斷改變，例如把手在超音波模組前面來回移動，蜂鳴器的音高自然會跟著變，就和真的空氣樂器一樣了。

程式設計

```
from machine import Pin, I2C, PWM
from ssd1306 import SSD1306_I2C
from hcsr04 import HCSR04
import utime

note_min = 220 # 最小頻率(Hz)
note_max = 880 # 最大頻率(Hz)
dist_min = 40  # 測距最小距離(公厘)
dist_max = dist_min + (note_max - note_min)
               # 算出測距最大距離(公厘)

oled = SSD1306_I2C(128, 64, I2C(scl=Pin(5), sda=Pin(4)))
sonar = HCSR04(trigger_pin=14, echo_pin=12)
buzzer = PWM(Pin(15, Pin.OUT), freq=0, duty=0)
buzzer.deinit()

while True:

    distance = sonar.distance_mm()

    if dist_min <= distance <= dist_max:
        key = note_min + (distance - dist_min)
        buzzer.freq(key)
        buzzer.duty(512)
    else:
        key = 0
        buzzer.duty(0)
```

```
    oled.fill(0)
    oled.text("Dist: " + str(distance) + " mm", 0, 0)
    oled.text("Note: " + str(key) + " Hz", 0, 16)
    oled.show()
    print("偵測距離: " + str(distance) + " 公厘, 播放頻率: " + 
          str(key) + " 赫茲")

    utime.sleep_ms(10)
```

實測

執行程式，並試著用手在超音波模組前來回移動，就能聽到蜂鳴器的音高隨之改變：

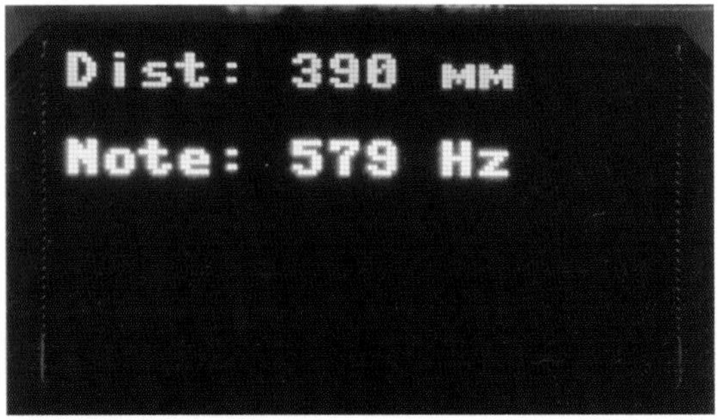

下面是編輯器互動環境視窗的輸出結果：

```
偵測距離: 115 公厘, 播放頻率: 325 赫茲
偵測距離: 112 公厘, 播放頻率: 322 赫茲
偵測距離: 128 公厘, 播放頻率: 338 赫茲
偵測距離: 138 公厘, 播放頻率: 348 赫茲
偵測距離: 136 公厘, 播放頻率: 346 赫茲
```


MEMO

CHAPTER 04

偵測亮度 – 亮度感測模組

亮度感測器能告訴我們環境的實際亮度, 也能拿來偵測雷射光之類的強光, 除此之外偵測環境亮度的特性還可以拿來感測路上行人的影子判斷有沒有人路過, 還可以依據光照亮度製作智慧澆水盆栽。

4-1 認識亮度感測模組

BH1750 亮度感測器能測量環境的**照度**；簡單地說，照度就是物體每單位面積受到的光線照射程度。

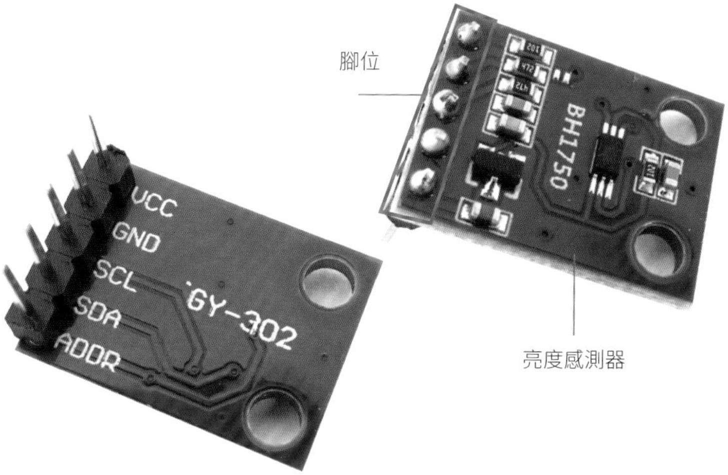

照度的衡量單位是**勒克斯** (lux)。下表是不同環境的照度值：

照明條件	照度 (lux)
直射陽光	32000~100000
大白天 (非直接陽光)	10000~25000
陰天 / 電視台攝影棚	1000
晴朗日落	400
辦公室	320~500
大陰天	100
晴朗夜晚的滿月	0.05~0.3

BH1750 模組能傳回的照度值最大為 65535 lux。

⚠ 要使用 BH1750 模組，D1 mini 必須先安裝 BH1750 的專用函式庫。打開範例程式中的 bh1750fvi.py, 以相同的檔案名稱將它儲存副本到控制板上。詳細步驟請參閱第 3 章 3-1 節。

4-2 環境亮度監測

眼睛是靈魂之窗，在亮度不足的地方工作或讀書就會很傷眼。我們所在環境到底有多亮，就讓亮度感測器來告訴我們吧。

Lab10

環境照度計

實驗目的	從亮度感測模組讀取環境亮度		
材料	• D1 mini	• OLED 模組	• 亮度感測模組

接線圖

亮度模組腳位	意義	D1 mini 對應腳位
Vcc	電源	3V3
GND	接地	G
SCL	串列時脈線	D1 (5 號腳位)
SDA	串列資料線	D2 (4 號腳位)
ADDR	位址切換	不接線

OLED 腳位	意義	D1 mini 對應腳位
VCC	電源	3V3
GND	接地	G
SCL	串列時脈線	D1 (5 號腳位)
SDA	串列資料線	D2 (4 號腳位)

執行程式碼前請確認是否有安裝 bh1750fvi.py 函式庫，安裝函式庫的詳細步驟請參考第 3 章 3-1 節。

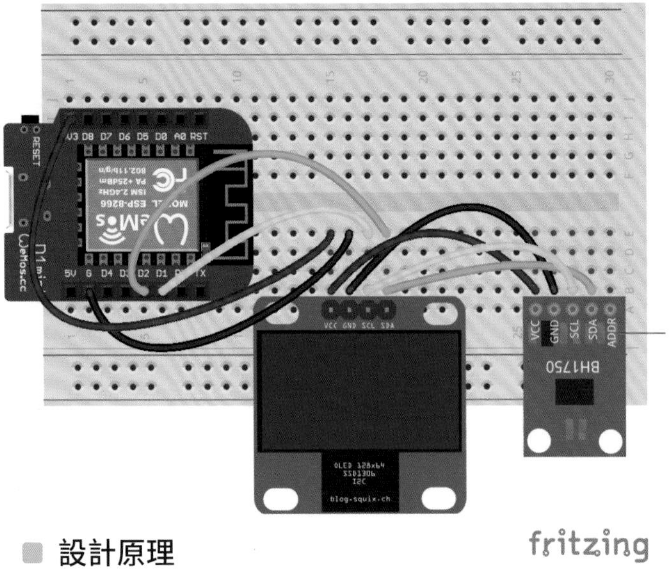

圖中亮度感測模組上的字樣為方便接線所做的標示，實體模組插在麵包板上並不會有這些字樣。

設計原理

要使用 BH1750 模組，得在 D1 mini 中安裝其專用的函式庫 (安裝步驟請見第 3 章 3-1 節) 後才能匯入：

```
import bh1750fvi
```

由於在這個 Lab 中，OLED 和 BH1750 都需要透過 I2C 控制 (I2C 簡介請見第 2 章 2-1 節), 因此得建立共用的 I2C 物件：

```
from machine import Pin, I2C
i2c = I2C(scl=Pin(5), sda=Pin(4))
```

完成以上步驟後，就能讀取 BH1750 偵測到的環境亮度：

```
light_level = bh1750fvi.sample(i2c, mode=0x23)
```

bh1750fvi.sample() 方法的第一個參數是 i2c 物件，第二個 mode 參數則是用來選擇 BH1750 的讀取模式：

模式代碼	功能	資料精確度	讀取時間
0x20	高精確模式 1	1 lux	120 毫秒
0x21	高精確模式 2	0.5 lux	120 毫秒
0x23	低精確模式	4 lux	16 毫秒

使用高精確模式時，傳回的資料會更準確，但讀取時間也更長。由於我們不需要那麼精確的數據，所以在程式中將 mode 設為 0x23。各位不妨試試看修改參數，看看對結果和時間延遲的影響。

由於 BH1750 本身讀取資料時已有時間延遲，因此在下面的程式中，while 迴圈不需要再用 utime.sleep_ms() 加入停頓。

程式設計

```
from machine import Pin, I2C
from ssd1306 import SSD1306_I2C
import bh1750fvi, utime

i2c = I2C(scl=Pin(5), sda=Pin(4))
oled = SSD1306_I2C(128, 64, i2c)

while True:

    light_level = bh1750fvi.sample(i2c, mode=0x23)

    oled.fill(0)
    oled.text("Light level:", 0, 0)
    oled.text(str(light_level) + " lux", 0, 16)
    oled.show()
    print("偵測亮度: " + str(light_level) + " lux")
```

實測

執行程式後，即可看到 OLED 與編輯器互動環境窗格顯示出環境亮度值：

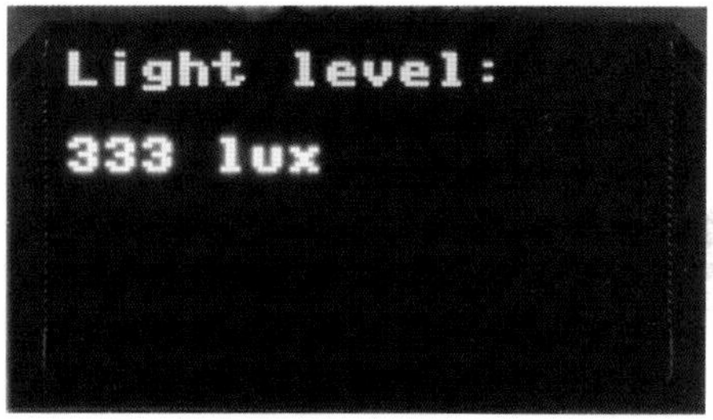


```
偵測亮度: 386 lux     ←── 測試環境正常亮度
偵測亮度: 493 lux
偵測亮度: 2470 lux
偵測亮度: 36073 lux   ←── 手機燈貼近亮度
偵測亮度: 3843 lux
偵測亮度: 17233 lux
偵測亮度: 2860 lux
偵測亮度: 363 lux
偵測亮度: 0 lux       ←── 用手指蓋住感測器
偵測亮度: 0 lux
```

硬體補給站

我們可以來做個有趣的實驗：執行程式後，把食指輕輕壓在 BH1750 的感測晶片上，然後打開手機燈，越過手指照向模組。你可能會看到亮度值隨著你的脈搏小幅度變動。這是因為血管內的血氧濃度會改變光線穿透率，而這正是血氧濃度機的原理！

4-3 照明警示

知道如何讀取環境亮度，就能製作一個裝置，在環境亮度不足時警告我們了。

Lab11

照明不足提醒裝置

實驗目的	在環境亮度太暗時發出警告聲
材料	• D1 mini • OLED 模組 • 亮度感測模組 • 無源蜂鳴器

接線圖

亮度感測模組接線方式請參閱本章 Lab 10，無源蜂鳴器接線請參閱第 3 章 Lab 07。

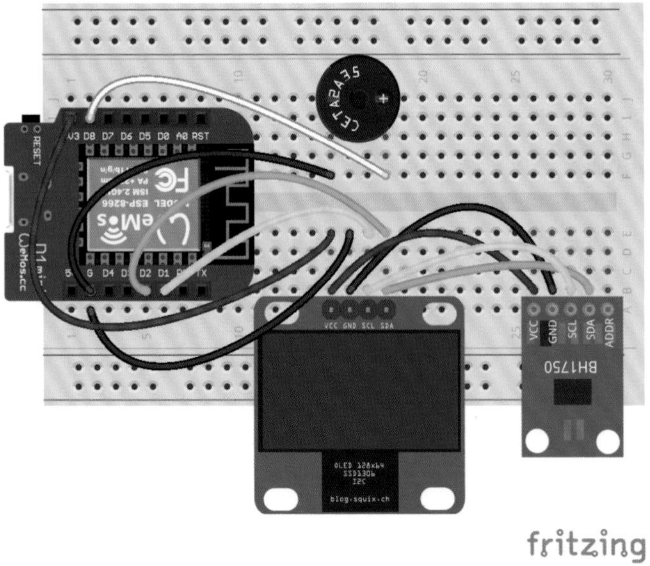

設計原理

根據我國 CNS 國家標準的『室內工作場所照明』，辦公場所的照明應在 300 lux 以上，教室則須達 500 lux 以上。因此我們可製作亮度警示裝置，在光線不足時發出提醒。

不過，考量到關燈休息的可能性，我們設定程式在照度低於 20 lux（一般公共區域的陰暗區域照度）時也不會響警報。

程式設計

```
from machine import Pin, PWM, I2C
from ssd1306 import SSD1306_I2C
import bh1750fvi, utime

i2c = I2C(scl=Pin(5), sda=Pin(4))
oled = SSD1306_I2C(128, 64, i2c)

buzzer = PWM(Pin(15, Pin.OUT), freq=110, duty=0)

while True:

    light_level = bh1750fvi.sample(i2c, mode=0x23)
    print("偵測亮度: " + str(light_level) + " lux")

    oled.fill(0)
    oled.text("Light level:", 0, 0)
    oled.text(str(light_level) + " lux", 0, 16)

    if 30 < light_level < 300:
        oled.text("!! Warning !!", 0, 32)
        oled.text("TOO DARK", 0, 48)
        print("警告 !! 亮度不足 !!")
        buzzer.freq=(110)
        buzzer.duty=(512)

    else:
        buzzer.duty(0)

    oled.show()
```

實證

執行程式後，當測得亮度低於 300 lux、但仍高於 20 lux 時，蜂鳴器就會響起 (頻率 110 Hz 的低音), OLED 也會顯示警告訊息：

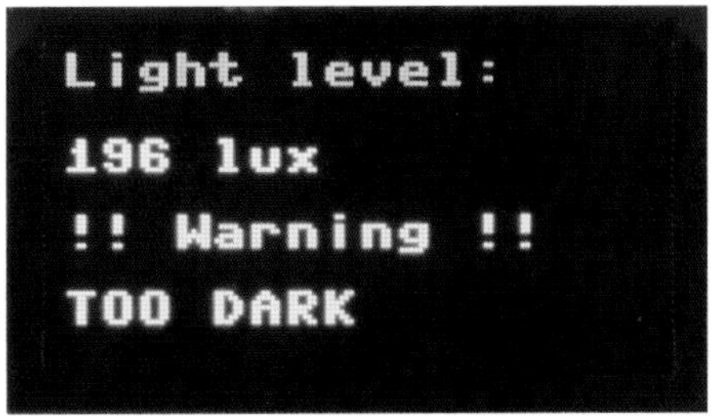

4-4 雷射模組

既然亮度感測模組能讀取環境照度，自然也能偵測手機燈或雷射光之類的強光。這裡就來製作一個簡單好玩的雷射打靶機。

Lab12 雷射打靶機

實驗目的	做個能感應雷射光的雷射打靶機
材料	• D1 mini • 亮度感測模組 • 無源蜂鳴器 • 雷射模組

接線圖

這裡我們將加入 **KY-008 雷射模組**，通電後就會發出紅色雷射光：

雷射模組腳位	意義	D1 mini 對應腳位
S	電源 / 訊號	3V3
中央腳位	電源	不接線
-	接地	G

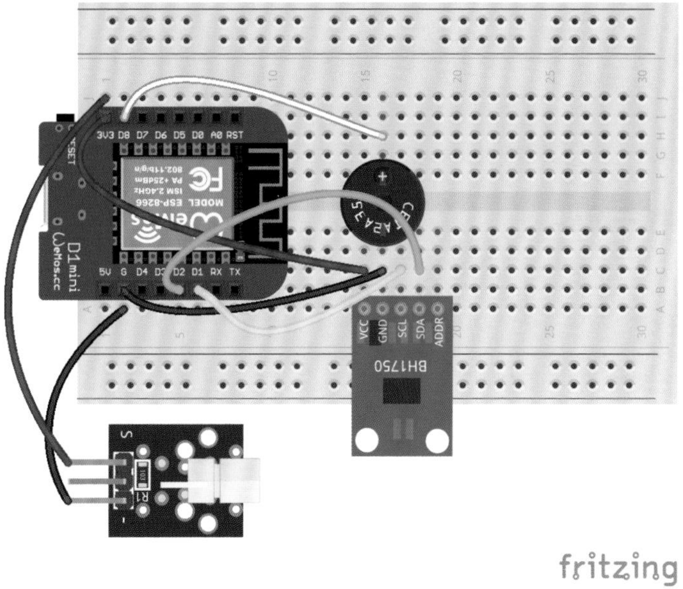

建議可用 4 條杜邦線連接雷射模組與控制板，拉長接線距離。

⚠ 雷射光強度很強，請勿拿來指著他人或動物的臉。

設計原理

當亮度感測模組被雷射光照到時，分數會增加 1，蜂鳴器也會響起音效：

```
score += 1 # 分數遞增 1, 效果等同於 score = score + 1
```

亮度感測器如何知道是被雷射光而不是其它光源照到呢？由於雷射光強度相當強且不易散射，一照到 BH1750 模組中央的感測晶片，後者就會測得高達數萬 lux 的照度值。因此若在室內玩這個遊戲，只有雷射光才比較可能達到這種亮度。

此外，我們希望打靶機打到 10 分後遊戲會結束，因此 while 迴圈後面加入判斷式：

```
while score < 10:
# 迴圈內容
```

這麼一來，當變數 score 一等於或大於 10 時，while 迴圈就會停止重複。

程式設計

```
from machine import Pin, I2C, PWM
import bh1750fvi, utime

score = 0
buzzer = PWM(Pin(15, Pin.OUT), freq=784, duty=0)
while score < 10:

    light_level = bh1750fvi.sample(I2C(scl=Pin(5),
                                       sda=Pin(4)), mode=0x23)
    print("偵測亮度: " + str(light_level) + " lux, 得分: " +
          str(score))

    if light_level > 10000:

        print("==== 命中! ====")
        score += 1
        # 播放得分音效
        buzzer.freq(784)
        buzzer.duty(512)
        utime.sleep_ms(100)
        buzzer.freq(988)
        utime.sleep_ms(300)
        buzzer.duty(0)

    utime.sleep_ms(10)

print("=== 遊戲結束! ===")

# 播放遊戲結束音效
buzzer.freq(784)
buzzer.duty(512)
utime.sleep_ms(100)
buzzer.freq(659)
utime.sleep_ms(100)
buzzer.freq(523)
utime.sleep_ms(300)
buzzer.duty(0)
```

實測

執行程式後，只要雷射光一瞄到亮度感測模組中央，就會得分並觸發『命中』音效，命中 10 次後遊戲自動結束，並會播放音效。

你也可以跟別人相互挑戰，看誰能先把靶打到過關吧！

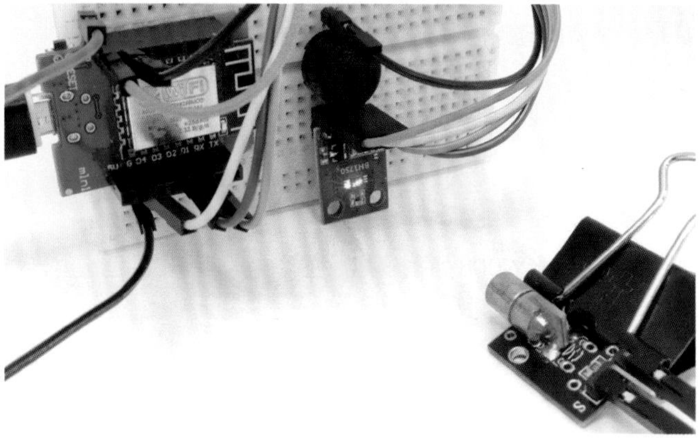

4-5 光遮斷器

既然可以偵測到雷射模組的強光，我們自然能改變程式中的判斷條件，把裝置改造成雷射保全系統。

許多老電影會把雷射保全系統當作劇情橋段。有看過《不可能的任務》、《偷天換日》或《瞞天過海 2》嗎？

Lab13

雷射保全系統

實驗目的	修改 Lab 12 做成遮斷雷射光會觸發警報的保全系統
材料	• D1 mini　• 亮度感測模組　• 無源蜂鳴器　• 雷射模組

接線圖

同 Lab 12。

設計原理

下面的程式會先進入第一個 while 迴圈，用來確定雷射光已經對準亮度感測模組；迴圈會每隔 1 秒檢查一次亮度，如果大於 10000 就讓計數變數加 1，計數變數加到 5 代表持續 5 秒感測到雷射光校準完畢。接著程式會進入第二個 while 迴圈 -- 檢查是否有物體遮斷雷射光，有的話就發出警報。

這邊會用到自定函式，跟第 1 章介紹過的 Python 內建函式不同，本例中的 **def getLightLevel():** 可以將之後會重複用到取得亮度的一段程式碼打包起來並命名為具有意義的 getLightLevel, 就可以如同 print() 等函式一樣以 getLightLevel() 來方便取得亮度。

而 getLightLevel 函式內的最後一行 **return data** 可以傳回此函式內讀取到的亮度感測模組數值 (data)。

如此一來下列程式碼：

```
Light_level = bh1750fvi.sample (I2C(scl=Pin(5),
                                sda=Pin(4)), mode=0x23)
```

就可以縮短變成：

```
Light_level = getLightLevel()
```

程式設計

```
from machine import Pin, I2C, PWM
import bh1750fvi, utime

def getLightLevel():
    data = bh1750fvi.sample(I2C(scl=Pin(5),
                            sda=Pin(4)), mode=0x23)
    return data

buzzer = PWM(Pin(15, Pin.OUT), freq=768, duty=0)

count = 0
print("系統校準中, 請讓雷射持續照射在亮度感測器5秒鐘...")

while count < 5: # 雷射校準迴圈

    light_level = getLightLevel()

    if light_level > 10000: # 偵測到雷射光
        count += 1
        print("已校準 " + str(count) + " 秒...")
    else:
        count = 0          # 歸零重新校準
```

```
    utime.sleep_ms(1000)

while True: # 雷射偵測迴圈

    light_level = getLightLevel()

    if light_level < 10000: # 雷射光被遮斷
        print("!! 警報觸發 !!")
        buzzer.duty(512)

    else:
        buzzer.duty(0)
        print("-- 待命中 --")
```

實測

在執行程式之前，請用手邊的東西 (如夾子，膠帶，黏土等等) 盡可能固定好亮度感測模組和雷射模組，讓雷射光能穩定打在亮度模組的感測晶片上。

執行程式，等到互動環境窗格顯示『-- 待命中 --』，代表保全系統已順利啟動，這時用手或物體擋住雷射光就能觸發警報了：

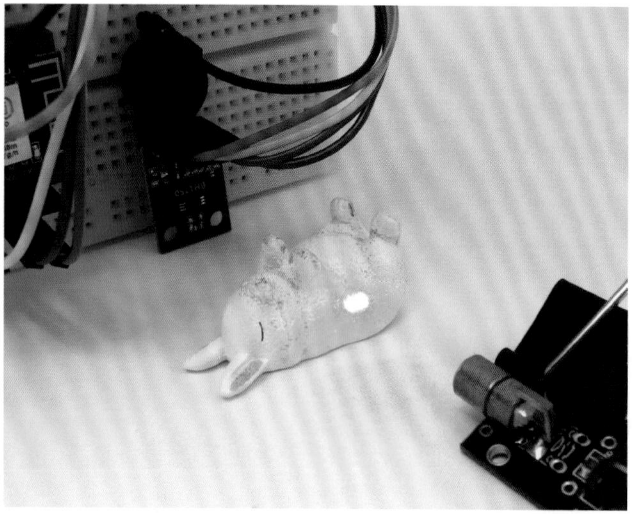

```
系統校準中, 請讓雷射持續照射在亮度感測器5秒鐘...
已校準 1 秒...
已校準 2 秒...
已校準 3 秒...
已校準 4 秒...
已校準 5 秒...
-- 待命中 --
-- 待命中 --
-- 待命中 --
-- 待命中 --
!! 警報觸發 !!
```

MEMO

CHAPTER 05

燈光控制 – RGB LED

RGB LED (三色LED、彩色LED) 能發出各種顏色的光, 可以當成彩色燈或狀態指示燈。

5-1 認識 RGB LED 與電阻

RGB LED

在第 1 章中，我們用程式控制了 D1 mini 上內建的 LED 燈。LED (發光二極體) 是一種通電就會發光的半導體元件，效率高、可靠且省電，已經被普遍用於照明用途。

一般市面上的實驗用 LED 是單色，這裡使用的 RGB LED 則是紅、綠、藍色三合一：

只要對特定顏色的腳位輸入高電位，該顏色的光就會點亮。紅、綠、藍是光的三原色，因此只要混和這些色彩，就能調製出不同顏色。

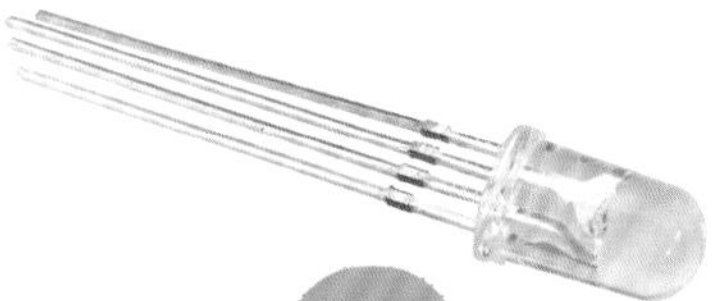

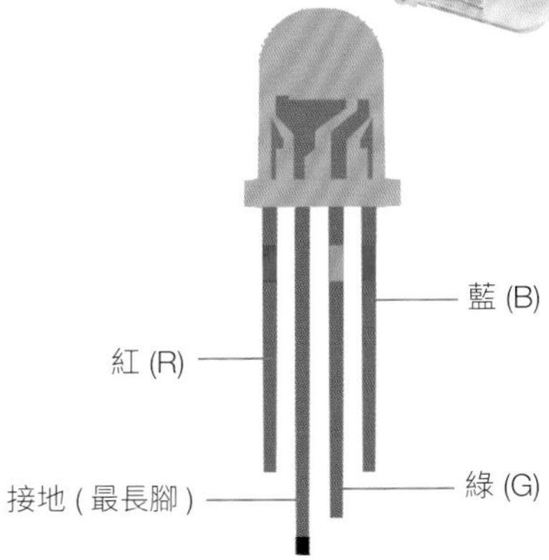

⚠ 因為紅、綠、藍三顆燈都有一隻腳是短腳接地，故此 RGB LED 為了方便接線，把三顆燈的接地腳位共接在此長腳上，所以我們只要將一隻腳接地即可。

電阻

不過，LED 能承受的電流量是有限的；若將電路形容成水管，電子元件是水車，那麼過大的水流就有可能會沖壞水車 (使電子元件損壞)。為了保護 LED, 我們會在控制板腳位和 LED 之間加入『電阻』; 電組就像做得特別窄的水管，能限制流經的水量 (電流量)。

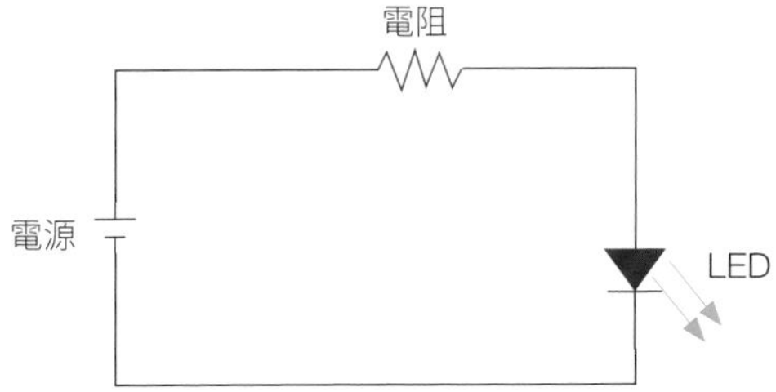

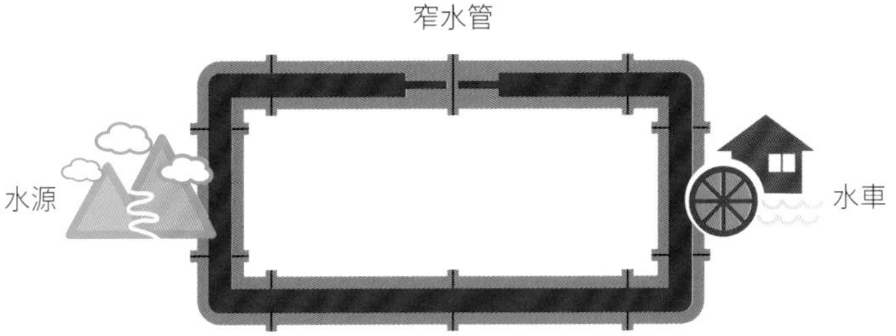

我們在這裡使用的電阻是 220 歐姆電阻，**歐姆** (ohms) 為衡量電阻值的單位。電阻值越高，電路內能流通的電量就越少。

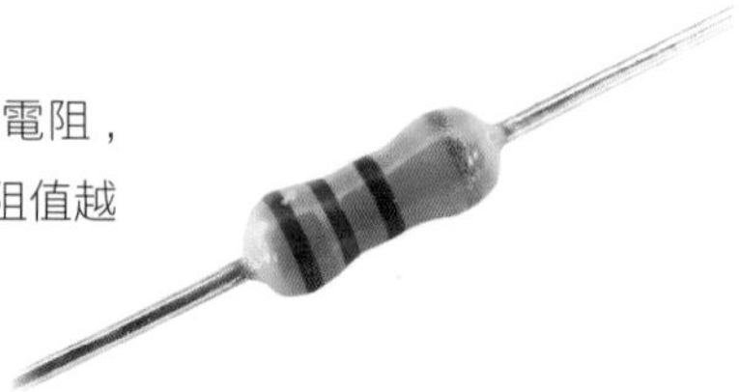

電阻的電阻值可由其**色碼環**來識別，220 歐姆電阻的色碼環為紅 – 紅 – 棕。各位可上網查詢『電阻色碼』了解詳情。

5-2 控制 RGB LED

認識了 RGB LED 與電阻後，首先便要來控制 RGB LED 發出各種顏色的光。

Lab14

隨機炫彩燈

實驗目的	使 RGB LED 隨機亮起不同顏色
材料	• D1 mini • RGB LED • 220 歐姆電阻 x 3

接線圖

RGB LED 腳位	D1 mini 對應腳位
R	D5 (14 號腳位)
接地	G
G	D6 (12 號腳位)
B	D7 (13 號腳位)

記住，控制板腳位與 RGB LED 的顏色控制腳位之間必須接上電阻。將電阻的兩腳折彎 90 度，將之插在麵包板上，在哪一直行的孔都無所謂，但必須分別與控制板腳位和 RGB LED 腳位在同一行孔上。

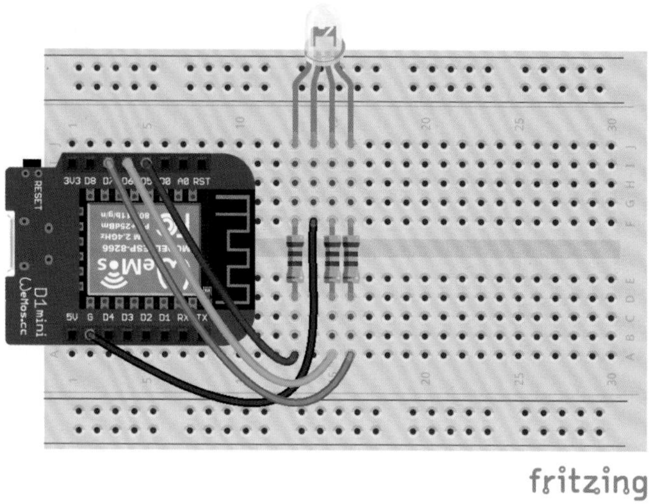

設計原理

我們在第 1 章提過如何透過控制板腳位輸出高電位控制 LED, 在這裡原理一模一樣。不過，我們希望能隨機點亮紅綠藍三色，藉此不斷產生七彩顏色。為此我們要匯入 **urandom (亂數)** 函式庫，並呼叫 urandom.getrandbits() 方法取得亂數：

```
Import urandom
value = urandom.getrandbits(1)
```

urandom.getrandbits() 的參數代表要產生幾位元的亂數 (隨機數)。設為 1 (1 位元) 會得到 2^1 (2) 種結果，即 0 與 1，若設為 3 就有 2^3 (8) 種結果，即 0 到 7。

因此，我們可用 urandom.getrandbits(1) 來決定 RGB LED 某個顏色是否要開啟 (透過腳位物件的 .value() 方法)。不過，要是三個顏色都正好關閉，那燈就完全不會亮了；因此程式內會判斷，若紅與綠色都被關閉，那藍色就一定得打開。若紅與綠色至少有一個點亮，那麼藍色就也隨機決定是否點亮。

想知道某個腳位目前處於高電位還是低電位，可以讀取

```
value = r.value() # 讀取紅燈腳位的電位 (傳回 0 或 1)
```

程式設計

```
from machine import Pin
import utime, urandom

r = Pin(14, Pin.OUT)
g = Pin(12, Pin.OUT)
b = Pin(13, Pin.OUT)

while True:

    r.value(urandom.getrandbits(1))
    g.value(urandom.getrandbits(1))
    b.value(1 if r.value() == 0 and g.value() == 0 else
            urandom.getrandbits(1))

    utime.sleep_ms(500)
```

硬體補給站

注意程式中的這 2 行

```
b.value(1 if r.value() == 0 and g.value() == 0 else
        urandom. getrandbits(1))
```

使用了 if…else 邏輯判斷式，以便讓程式碼更簡潔，通常會寫成單 1 行，本例因排版關係才分成 2 行。其效果就等於

```
if r.value() == 0 and g.value() == 0:
   b.value(1)
else:
   b.value(urandom.getrandbits(1))
```

實測

執行程式，可看到 RGB LED 每半秒會改變一次顏色（除非前後兩次的顏色碰巧相同）：

5-3 控制 LED 明暗度

除了透過腳位高低電位來開關 RGB LED 的特定顏色，我們也能藉由 PWM 來調整這些顏色的亮度，製造出更豐富的色彩變化。

Lab15

七彩呼吸燈

實驗目的	以 PWM 控制 RGB LED, 變成能逐漸點亮或熄滅的七彩燈
材料	• D1 mini • RGB LED • 220 歐姆電阻 x3

接線圖

同 Lab 14。

設計原理

如同我們在第 3 章提過，D1 mini 的 PWM 功能可以調整輸出電壓和頻率；在此我們就要藉由電壓來改變 LED 的亮度。要改變電壓，就要改變 PWM 的工作週期。

```
from machine import Pin, PWM
import utime, urandom

# 初始化 PWM, 設為最高電壓 (等於高電位或數位信號 1, 100% 亮度)
led = PWM(Pin(14, Pin.OUT), freq=1000, duty=1023)
led.duty(512) # 電壓 1/2 (50% 亮度)
led.duty(128) # 電壓 1/8 (12.5% 亮度)
led.duty(0)   # 電壓 0 (低電位或數位信號 0, 完全不亮)
led.deinit()  # 關閉 PWM
```

就和頻率一樣，工作週期能在 PWM 初始化時就設定，或者藉由 duty() 方法重新設定。至於頻率，我們在此就直接設為最大值 (1000 Hz)。

程式設計

```
from machine import Pin, PWM
import utime, urandom

while True:

    # 隨機指定每個燈號是否要亮起
    r_switch = urandom.getrandbits(1)
    g_switch = urandom.getrandbits(1)
    b_switch = 1 if r_switch == 0 and g_switch == 0 else urandom.getrandbits(1)

    # 指定的燈號要亮起時再建立該 PWM 物件
    if r_switch == 1:
        r = PWM(Pin(14, Pin.OUT), freq=1000, duty=0)
    if g_switch == 1:
        g = PWM(Pin(12, Pin.OUT), freq=1000, duty=0)
    if b_switch == 1:
        b = PWM(Pin(13, Pin.OUT), freq=1000, duty=0)

    for i in range(1024):
        if r_switch == 1:
            r.duty(i)
        if g_switch == 1:
            g.duty(i)
        if b_switch == 1:
            b.duty(i)
        utime.sleep_ms(1)

    for i in reversed(range(1024)):
        if r_switch == 1:
            r.duty(i)
        if g_switch == 1:
            g.duty(i)
        if b_switch == 1:
            b.duty(i)
        utime.sleep_ms(1)

    # 每次燈滅掉後都關閉所有的 PWM 物件
    if r_switch == 1:
        r.deinit()
    if g_switch == 1:
        g.deinit()
    if b_switch == 1:
        b.deinit()
```

程式內有兩個 **for 迴圈**，其作用就跟第 1 章提到的 while 迴圈類似，只是 for 迴圈的邏輯條件式通常會使用到需要不斷變化的變數，並且此變數也會在要重複執行的區域中被使用到。上面的程式中第一個 for 迴圈的 range(1024) 代表會讓迴圈中的變數 i 從 0 遞增到 1023。第二個 for 迴圈則加上 reversed() (反轉), 於是會讓變數 i 從 1023 遞減至 0。只要在迴圈中把 RGB LED 各腳位的 PWM 工作週期設為變數 i, 燈的特定顏色就會漸漸變亮再漸漸熄滅了。

實測

執行程式，然後花點時間欣賞 RGB LED 慢慢明滅的美麗效果。

5-4 隨環境變化明暗度

學會如何控制 RGB LED 的亮度後，我們便可結合前面章節的感測器，製作一盞能感應亮度及人員活動而自動亮燈的小夜燈。

Lab16 智慧小夜燈

實驗目的	用超音波模組及亮度感測模組打造能在太暗或有人靠近時就亮起的小夜燈
材料	• D1 mini • RGB LED • 220 歐姆電阻 x3 • 超音波模組 • 亮度感測模組

接線圖

超音波模組腳位	意義	D1 mini 對應腳位
Vcc	電源	3V3
Trig	觸發腳	D3 (0 號腳位)
Echo	接收腳	D0 (16 號腳位)
Gnd	接地	G

亮度模組腳位	意義	D1 mini 對應腳位
Vcc	電源	3V3
GND	接地	G
SCL	串列時脈線	D1 (5 號腳位)
SDA	串列資料線	D2 (4 號腳位)
ADDR	位址切換	不接線

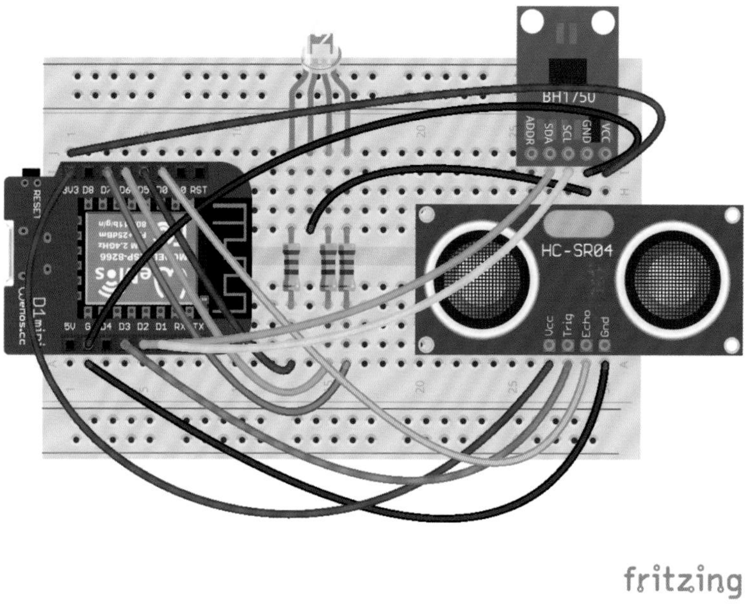

設計原理

我們希望這個小夜燈有以下功能：

- 超音波模組感應到有東西靠近時 (30 公分內)，讓 LED 完全點亮。
- 如果沒有，就根據環境亮度調整燈光，周遭越暗 LED 越亮。(只有環境亮度低於 256 lux 時才會亮。這時用 256 減去環境亮度再乘以 4，就是 LED 要設定的亮度。)

程式設計

```
from machine import Pin, I2C, PWM
from hcsr04 import HCSR04
import bh1750fvi, utime

sonar = HCSR04(trigger_pin=0, echo_pin=16)

r = PWM(Pin(14, Pin.OUT), freq=1000, duty=0)
g = PWM(Pin(12, Pin.OUT), freq=1000, duty=0)
b = PWM(Pin(13, Pin.OUT), freq=1000, duty=0)

while True:

    distance = sonar.distance_cm()
    light_level = bh1750fvi.sample(I2C(scl=Pin(5),
                                   sda=Pin(4)), mode=0x23)

    if 2 <= distance <= 30:
        led_light_value = 1023

    else:
        if light_level > 256:
            light_level = 256
        led_light_value = (256 - light_level) * 4 - 1

    r.duty(led_light_value)
    g.duty(led_light_value)
    b.duty(led_light_value)

    utime.sleep_ms(50)
```

實測

執行程式後，試試看用手放在超音波模組前面，LED 會完全點亮；接著確保超音波模組前面 30 公分沒有東西，用手遮亮度感測器，便可看到燈光隨著偵測到的環境亮度而漸漸變亮。

MEMO

計步器 – 震動開關

震動開關就像正常的機械式開關, 差別在於它是靠傾斜角度和震動來『按下』。因此, 震動開關可以用來製作像是計步器或跌倒偵測器。

6-1 認識震動感測開關

震動開關

SW-520D 是**滾珠震動開關**，在其金色圓筒內有 2 枚金屬滾珠，會隨著開關的傾斜角度移動 :

當圓筒朝著正上方或傾斜角度很小時，滾珠會接觸底端的兩個針腳，使這兩根針腳在電路上形成通路。圓筒傾斜或受到震動、搖晃時，滾珠和腳位不再接觸，於是針腳之間成為斷路。

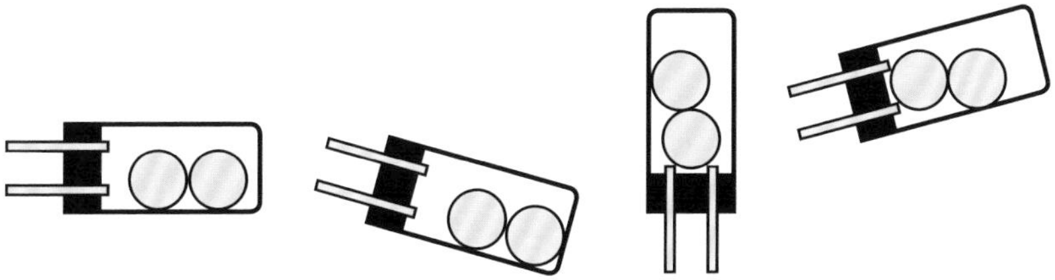

傾斜 – 關　　大幅傾斜 – 關　　無傾斜 – 開　　微微傾斜 – 開

因此，只要偵測開關電路連通與否，就知道震動開關是否傾斜或受到震動。

接線

首先，我們把震動開關的兩腳分別接上控制板的 D7 (13 號) 腳位與 G (接地線):

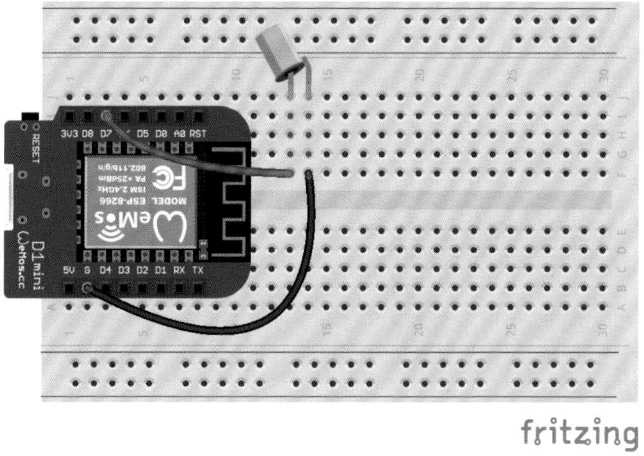

我們要透過控制板腳位來讀取電路的狀態 :

```
from machine import Pin
import utime

sw520d = Pin(13, Pin.IN)  # 設為讀取模式

while True:
    print(sw520d.value()) # 讀取狀態
    utime.sleep_ms(100)
```

執行程式後，由於震動開關是端正插在麵包板上，因此電路接通，D7 腳位會讀到接地線的低電位 (0)。可是這時再把震動開關倒過來，讀數卻依然是 0，為什麼呢？

這是因為當滾珠移動後開關形成斷路、D7 腳位變成沒有接任何電路的狀態，等於沒有讀取到高電位或低電位的訊號，就會隨著環境雜訊的影響讀到不準確且浮動的數值。

為了解決開關成為斷路時無法讀到高電位訊號而且數值隨環境雜訊影響的問題，我們得使用所謂的**上拉電阻**。

設定上拉電阻

正常的上拉電阻設計方式，是在電路中加入 3.3V 電源線，連接一顆電阻後再接上開關的一腳，至於開關另一腳則同樣連到接地線。D7 腳位的訊號線接在開關的電源線那側，但在開關與電阻之間：

這麼一來，電路的運作就會如下：

- 開關不通時，訊號線會讀到電源線的電壓 (高電位，1)。
- 開關接通時，電源線的電力會流入接地線，所以訊號線會讀到接地線電壓 (低電位，0)。

這麼一來，開關接通或斷開時，程式就能讀到 0 或 1 兩種狀態了。由於電源線會透過電阻接到控制板的腳位或接地線，這也能保護控制板不會因為短路輸入過大的電流而受損。

那麼，每次要接開關時都得用這種方式接 3 條線加一個電阻嘍？其實，D1 mini 這類控制板都有所謂的**內建上拉電阻**，也就是內建在控制板上、可用程式決定是否要啟用的上拉電阻：

```
sw520d = Pin(13, Pin.IN, Pin.PULL_UP)
```

注意到上面建立 Pin 物件時，多了一個新參數 Pin.PULL_UP, 意思就是讓這個腳位啟用內建上拉電阻。這麼一來，此腳位就等於自動多接了一條電源線和一顆電阻，而我們在麵包板上只需要像本節第一個電路圖那樣接兩條杜邦線，就能讀到開關傳回 0 或 1。

硬體補給站

上拉電阻也適用於一般按壓式、滑動式開關。甚至，在連接開關兩端的電線接上鋁箔紙，再用手指同時碰觸，也一樣能形成迴路。

D1 mini 上可以正常使用內建上拉電阻的腳位為 D1 (5), D2 (4), D5 (14), D6 (12) 和 D7 (13)。

6-2 傾斜偵測

在了解如何連接和讀取震動開關後，我們就來利用它的特性製作跌倒偵測器。

Lab17 跌倒偵測器

實驗目的	在偵測到震動開關傾斜時發出跌倒警報
材料	• D1 mini • OLED 模組 • 無源蜂鳴器 • 震動開關

接線圖

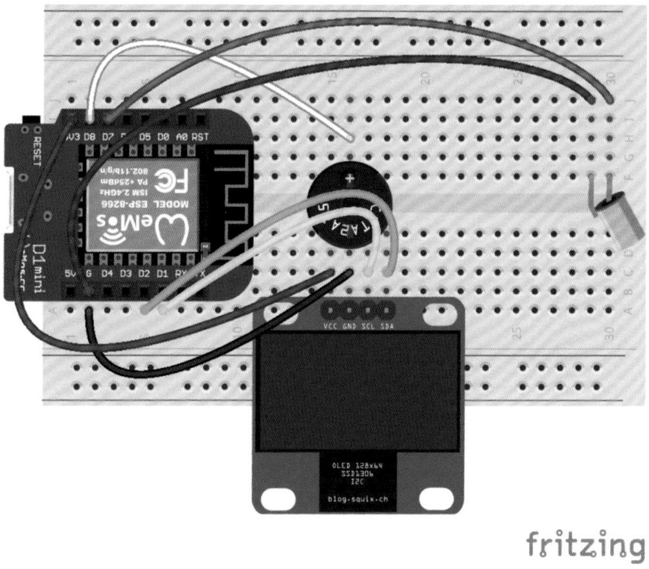

OLED 模組接線請參閱第 2 章 Lab 03，無源蜂鳴器請參閱第 3 章 Lab 07，震動開關請參閱本章 6-1 節。

設計原理

設計原理很簡單：替震動開關建立名為 sw520d 的腳位讀取物件，只要 sw520d.value() 傳回 1 就代表開關傾倒、形成斷路，反之 (傳回 0) 則是正常狀態。

程式設計

```
from machine import Pin, I2C, PWM
from ssd1306 import SSD1306_I2C
import utime

sw520d = Pin(13, Pin.IN, Pin.PULL_UP)
oled = SSD1306_I2C(128, 64, I2C(scl=Pin(5), sda=Pin(4)))
buzzer = PWM(Pin(15, Pin.OUT), freq=880, duty=0)

while True:

    oled.fill(0)
    oled.text("Shake status:", 0, 0)

    # 判斷震動開關狀態
    if sw520d.value() == 1:
        buzzer.duty(512)
        oled.text("!!! TIPPED !!!", 0, 16)
        print("!!! 感測器傾倒 !!!")

    else:
        buzzer.duty(0)
        oled.text("- Standby -", 0, 16)
        print("感測器狀態正常")

    oled.show()
    utime.sleep_ms(100)
```

實測

執行程式，然後刻意傾斜震動開關，OLED 模組及編輯器互動環境窗格便都會出現警告訊息，蜂鳴器也會響起：

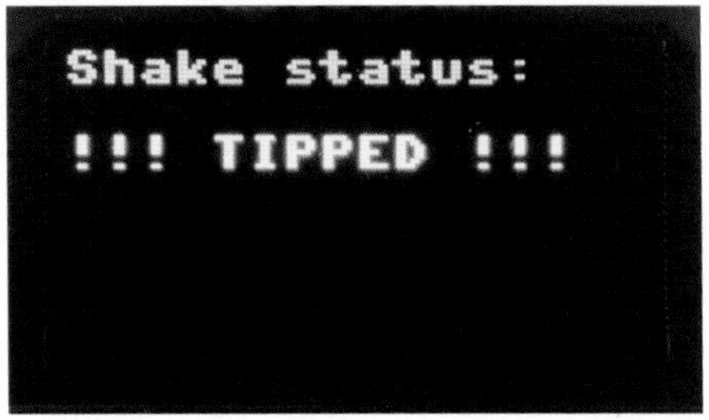


```
感測器狀態正常
感測器狀態正常
!!! 感測器傾倒 !!!
!!! 感測器傾倒 !!!
!!! 感測器傾倒 !!!
```

6-3 震動偵測

既然震動開關在搖晃或震動時會接通或切斷電路，因此我們也可以利用這個特點來製作計步器。

Lab18

健康計步器

實驗目的	偵測震動開關的搖晃次數來計算步數
材料	• D1 mini • OLED 模組 • 無源蜂鳴器 • 震動開關

接線圖

同 Lab 17。

設計原理

當震動開關晃動時，傳回的讀數會先變成 1，然後在開關停止晃動時回到 0。特別要注意的是震動開關相當敏感，有可能受到一點點晃動也會導致開關切斷再接通，使得步數被『灌水』。

為了確保能正確計算步數，程式會在開關傳回 1 時開始記錄系統時間 (開機後經過的毫秒數)，然後等待開關傳回 0，再判斷這兩次變化的間隔是否超過 50 毫秒，是的話便代表是人為搖晃 (搖得夠大力)。

程式設計

```
from machine import Pin, I2C, PWM
from ssd1306 import SSD1306_I2C
import utime

sw520d = Pin(13, Pin.IN, Pin.PULL_UP)
oled = SSD1306_I2C(128, 64, I2C(scl=Pin(5), sda=Pin(4)))
buzzer = PWM(Pin(15, Pin.OUT), freq=392, duty=0)

oled.text("Step counter", 0, 8)
oled.show()
print("計步器已啟動")

count = 0

while True:

    if sw520d.value() == 1: # 震動開關晃動

        # 記錄震動開關受到晃動的時間起點
        start_time = utime.ticks_ms()

        # 等待震動開關停止晃動 (傳回 0)
        while sw520d.value() == 1:
            pass # 什麼事也不做, 但用 pass 這句來維持迴圈結構
```

```
        # 如果搖晃導致狀態改變的時間間隔超過 50 毫秒，
        # 代表是正確人為搖晃，步數加 1：
        if utime.ticks_ms() - start_time > 50:

            count += 1
            print("步數： " + str(count))

            buzzer.duty(512)

            oled.fill(0)
            oled.text("Count:", 0, 0)
            oled.text(str(count) + " step(s)", 0, 16)
            oled.show()

            # OLED 本身讀寫有時間延遲，故不再加入額外延遲
            buzzer.duty(0)
```

實測

執行程式後，上下搖晃震動開關來模擬走路晃動，每搖一次蜂鳴器就會響一下，OLED 模組與編輯器互動窗格也會顯示步數：

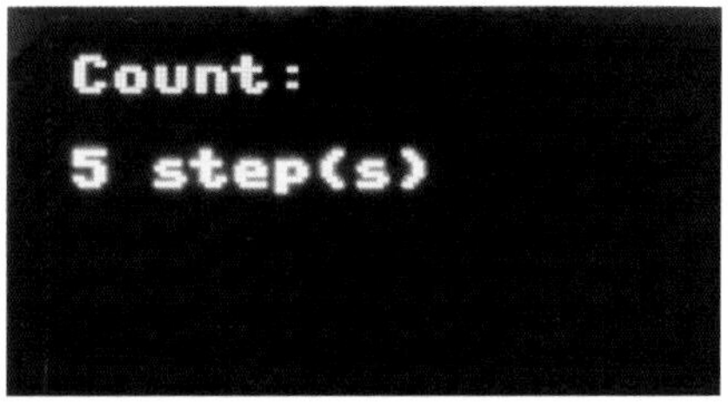


```
計步器已啟動
步數： 1
步數： 2
步數： 3
步數： 4
步數： 5
```

6-4 用感測器設計遊戲

反應時間取決於大腦的反射速度和身體的協調能力，對於打電動或開車等場合都有很大的用處。要怎麼判斷你夠不夠**眼明手快**呢？這時就可以靠感測器來設計下面這個小遊戲了。

Lab19 反應考驗遊戲機

實驗目的	在看到雷射光一點亮時就搖晃震動開關
材料	• D1 mini • 無源蜂鳴器 • 雷射模組 • OLED 模組 • 震動開關

接線圖

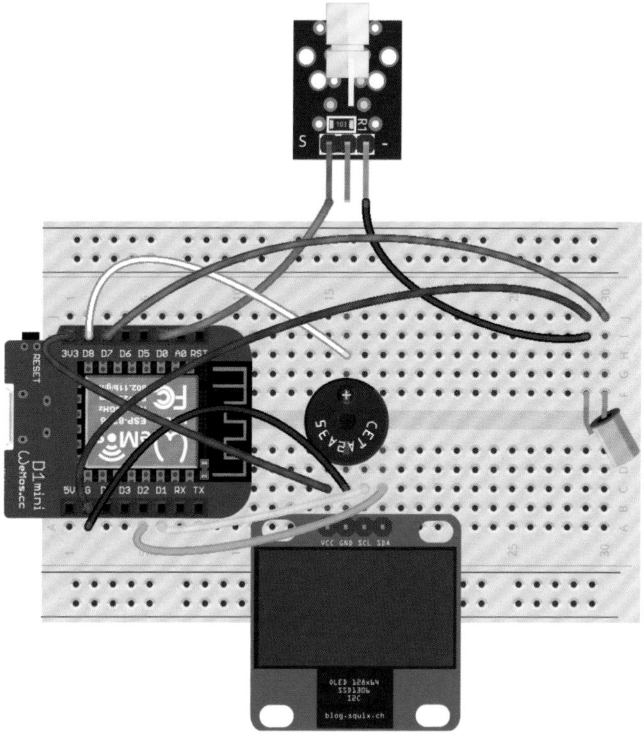

設計原理

本程式的基本原理同樣很單純：用控制板一個腳位控制雷射模組，把它當成 LED 一樣點亮，接著等待震動開關傳回 1，計算從雷射點亮到開關被晃動的時間間隔 (即使用者的反應時間)。

為了增加變化，測試開始之後會隨機等待 3 至 10 秒不等的時間 (使用 urandom.getrandbits(3) 產生 0 至 7 的亂數，再加上最低秒數 3)。此外，在測試的開始與結束也加入了 OLED 模組的文字跟蜂鳴器的聲音提示。

整個測試流程也放在一個 while True: 迴圈底下，以便能重複進行；使用者只要搖晃震動開關就能啟動測試。

程式設計

```
from machine import Pin, I2C, PWM
from ssd1306 import SSD1306_I2C
import utime, urandom

sw520d = Pin(13, Pin.IN, Pin.PULL_UP)
oled = SSD1306_I2C(128, 64, I2C(scl=Pin(5), sda=Pin(4)))
buzzer = PWM(Pin(15, Pin.OUT), freq=440, duty=0)
laser = Pin(16, Pin.OUT)

laser.off()

oled.fill(0)
oled.text("Reaction test", 0, 0)
oled.text("SHAKE to start", 0, 16)
oled.show()
print("反應大考驗 - 搖晃震動開關來啟動測試")

while True:

    if sw520d.value() == 1: # 啟動測試

        laser.off()
```

```
        # 倒數 3 秒, 用 reversed 讓 I 從 2 減到 0
        for i in reversed(range(3)):
            oled.fill(0)
            oled.text("Reaction test", 0, 0)
            oled.text("Ready in " + str(i + 1) + " secs", 0, 16)
            oled.show()
            print("倒數 " + str(i + 1) + " 秒...")
            buzzer.freq(440)
            buzzer.duty(512)
            utime.sleep(0.1)
            buzzer.duty(0)
            utime.sleep(0.9)

        buzzer.freq(880)
        buzzer.duty(512)
        oled.fill(0)
        oled.text("Started!", 0, 0)
        oled.text("SHAKE when laser", 0, 16)
        oled.text("turns on:", 0, 32)
        oled.show()
        print("測試開始! 在雷射光一點亮時搖晃震動開關")
        utime.sleep(0.3)
        buzzer.duty(0)
        utime.sleep(0.7)

        # 隨機等待 3 至 10 秒
        utime.sleep(3 + urandom.getrandbits(3))

        laser.on() # 打開雷射光, 開始計時
        start_time = utime.ticks_ms()

        while sw520d.value() == 0:
            pass

        # 測到搖晃, 計算反應時間
        reaction_time = (utime.ticks_ms() - start_time) / 1000
```

```
    # 報告結果
    oled.fill(0)
    oled.text("Reaction time:", 0, 0)
    oled.text(str(reaction_time) + " secs", 0, 16)
    oled.text("SHAKE to start", 0, 40)
    oled.text("again", 0, 54)
    oled.show()
    print("反應時間: " + str(reaction_time) + " 秒")
    print("測試結束 - 搖晃震動開關以再次測試")
    buzzer.freq(440)
    buzzer.duty(512)
    utime.sleep(0.1)
    buzzer.freq(880)
    utime.sleep(0.3)
    buzzer.duty(0)
    utime.sleep(1.6) # 結束時停頓片刻, 確定開關狀態保持靜止
```

實測

把雷射模組指著附近的牆面或桌面，然後執行程式。先搖晃一次震動開關來啟動反應測試，然後等倒數完畢。

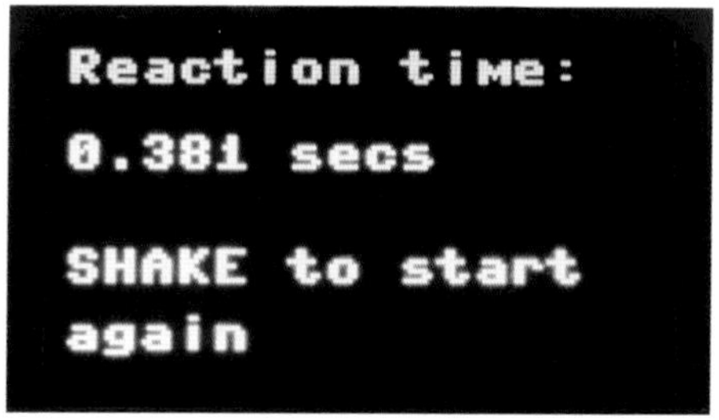
Reaction time:
0.381 secs
SHAKE to start
again

等測試開始後，一看見雷射點亮就盡快搖晃震動開關（由於開關插在麵包板上，因此搖晃麵包板即可）。OLED 模組與編輯器互動環境窗格便會告訴你你的反應時間為何：

```
反應大考驗 - 搖晃震動開關來啟動測試
倒數 3 秒...
倒數 2 秒...
倒數 1 秒...
測試開始! 在雷射光一點亮時搖晃震動開關
反應時間: 0.381 秒
測試結束 - 搖晃震動開關以再次測試
```

MEMO

CHAPTER 07

物聯網 – 將感測器連上網路

只要讓實體裝置透過網際網路連接, 就能打造出**物聯網** (Internet of Things, IoT) 應用, 利用網路的強大威力克服時間與空間的限制、遠距離即時交換資料。

D1 mini 便具備連接網路的能力。換言之, 我們也能讓這個小小的控制板化身為物聯網裝置。

7-1 D1 mini 網路連線

D1 mini 若要連接網際網路, 必須先連上附近的 WiFi 基地台。連線方式如下:

```
import network           # 匯入網路函式庫

ssid = "你的 WiFi 名稱"
pw = "你的 WiFi 密碼"

# 建立 WiFi 物件, 設為工作站 (station) 模式
wifi = network.WLAN(network.STA_IF)
wifi.active(True)       # 啟用 WiFi 物件
wifi.connect(ssid, pw) # 開始連線到指定 WiFi

# 檢查連線狀態, 還沒連上就繼續跑迴圈
while not wifi.isconnected():
    pass

# 執行到此處時, 就代表控制板已連上 WiFi
```

連上 WiFi 後, 控制板就可以對某個網址發出請求, 並把回應讀取回來:

```
import urequests # 匯入網路請求函式庫

url = "https://www.flag.com.tw"/ # 要請求的網址
response = urequests.get(url)     # 請求網址並讀取回應

if response.status_code == 200:  # 請求成功, 目標網頁回應 HTTP 碼 200
    print("網頁請求成功:")
    print(response.text)          # 印出回應

else:
    print("網頁請求失敗")
```

要執行以上程式, 請記得先修改 WiFi 名稱及密碼, 執行後會看到 D1 mini 請求 https://www.flag.com.tw/ 並將網頁內容下載回來:

```
連接 WiFi...
已連上
IP: 192.168.100.155
取得網頁...
網頁請求成功:
<!doctype html>
<html>
```

```
<head>
<meta charset="utf-8">
<meta name="viewport" content="width=device-width,initial-
scale=1.0,minimum-scale=1.0">
<title>旗標科技</title>
… (下略) …
```

⚠ 你也可試試看要 D1 mini 抓取別的網頁。不過，由於 D1 mini 內建記憶體有限，太大的網頁會產生程式錯誤。

7-2 使用 IFTTT 平台

IFTTT (IF This Then That, 字面即**如果發生這件事就做那件事**) 是個免費物聯網平台，允許使用者結合各式各樣的服務，由一個服務來觸發另一個服務。在本章，我們會說明如何用 IFTTT 來觸發兩種不同的服務。

申請 IFTTT 帳號

在瀏覽器打開網頁 **https://ifttt.com**。

由於下面的 Lab 需要用到 Google 帳號，這裡以登入 Google 帳號來示範：

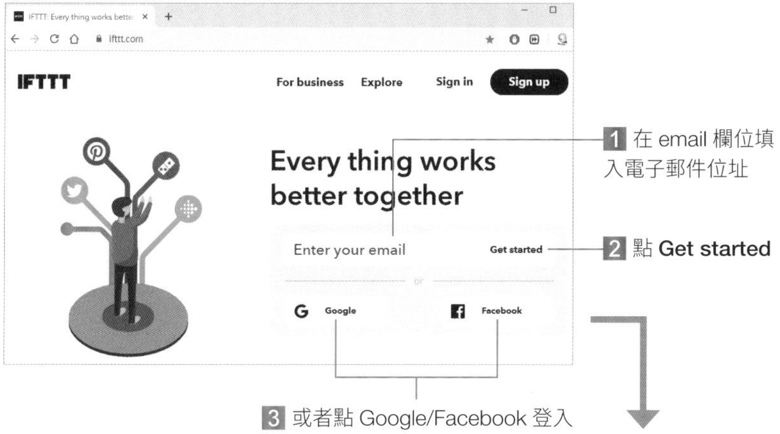

(Google 可能會用寄信或其他方式通知你這次的登入動態。如果你有設兩階段驗證，則必須通過驗證。)

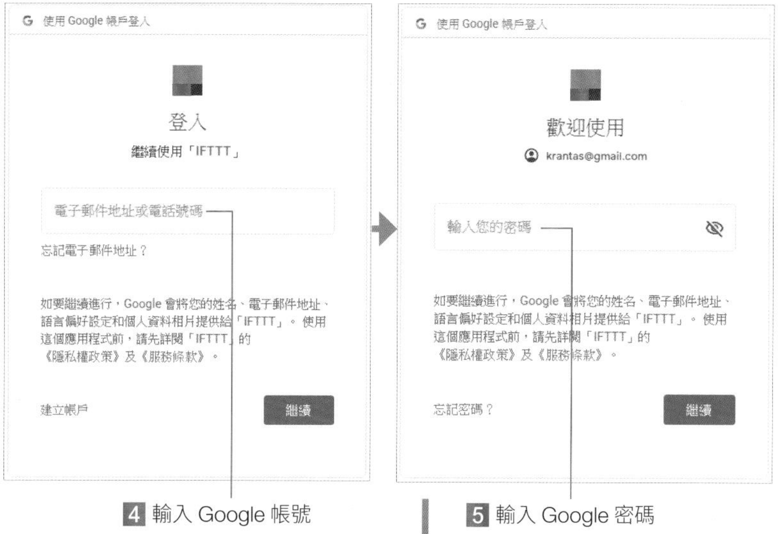

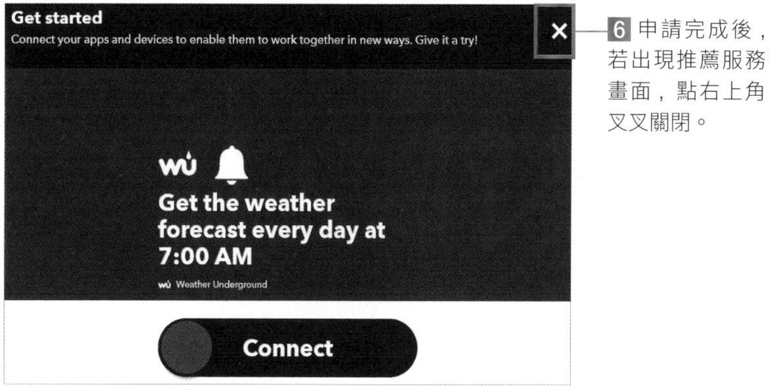

7-3 雲端亮度記錄－使用 IFTTT 上傳資料到 Google 試算表

如果想知道某場所在一段時間內的亮度變化，或者知道是否有人在什麼時候打開燈，這時就能讓 D1 mini 自動把資料記錄在雲端試算表上，事後再下載資料做分析，比如繪製曲線圖。

建立 IFTTT 應用

IFTTT 平台有個好用的服務叫 **Webhooks**，可以提供一個網址讓使用者呼叫、甚至傳遞資料，以便觸發某個事先設定好的服務，例如更新 Google 試算表單內的欄位資料，與多人共同檢視、編輯。不過，我們必須先在 IFTTT 網站上建立好這個觸發機制，才能讓 D1 mini 來呼叫。

1 登入 IFTTT 平台後，點右上角的帳號圖示

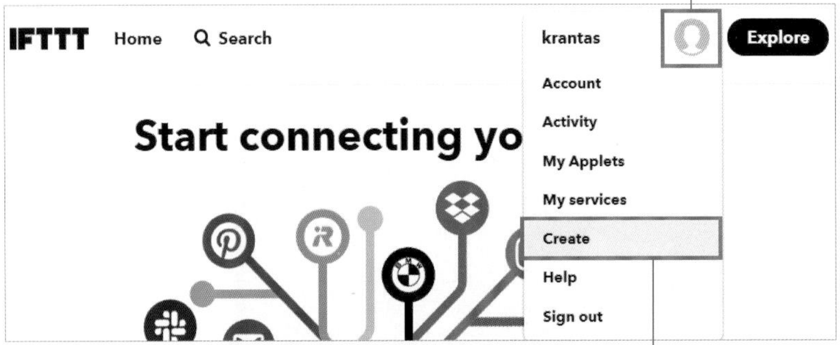

2 點下拉選單的 Create(創建應用)

3 點選畫面中 If +This Then That 的加號，選擇觸發來源服務

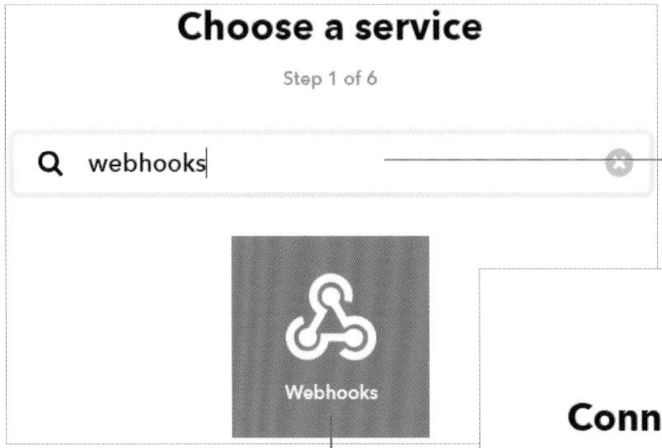

4 在搜尋框中輸入 webhooks

5 點選 Webhooks 服務

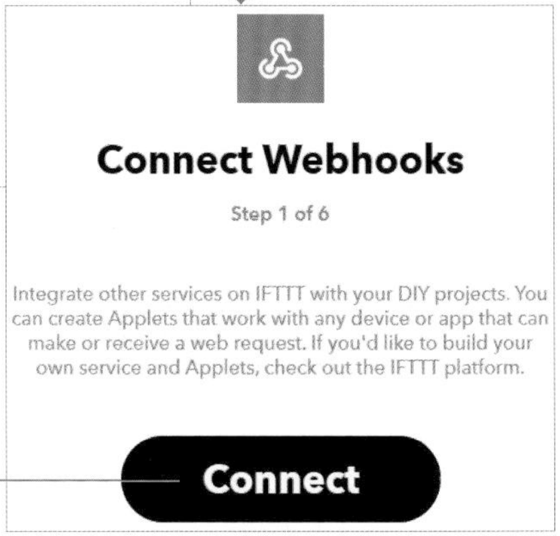

6 點 Connect 啟用服務

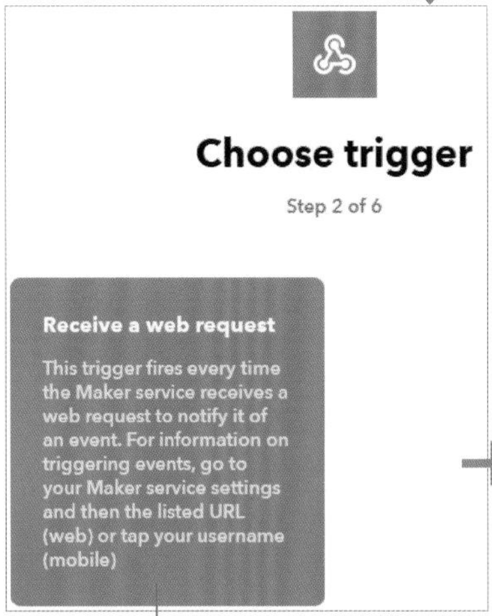

7 點觸發方式 Receive a web request(接收到網路請求)

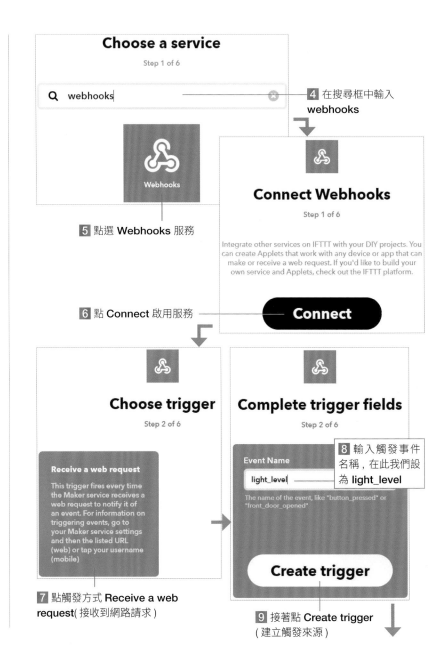

8 輸入觸發事件名稱，在此我們設為 light_level

9 接著點 Create trigger(建立觸發來源)

If Then That

10 點 If This Then +That 在 That 前面的加號，選擇被觸發的服務

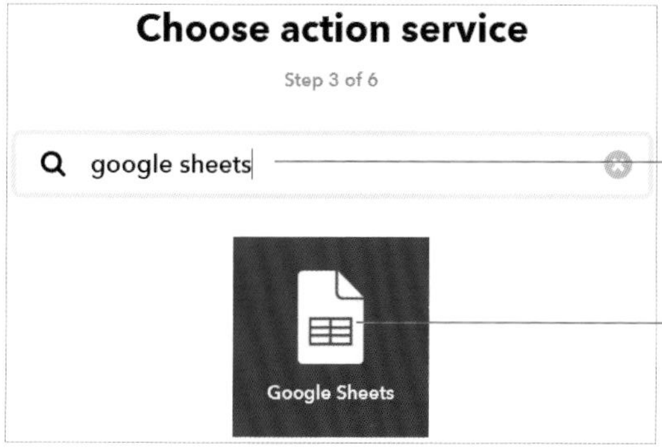
Choose action service
Step 3 of 6
google sheets
Google Sheets

11 在搜尋欄輸入 google sheets

12 點選 Google 試算表服務

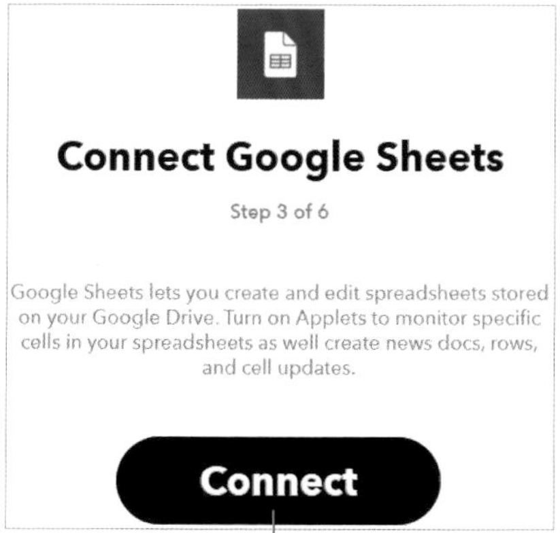
Connect Google Sheets
Step 3 of 6
Google Sheets lets you create and edit spreadsheets stored on your Google Drive. Turn on Applets to monitor specific cells in your spreadsheets as well create news docs, rows, and cell updates.
Connect

13 點 Connect 啟用服務

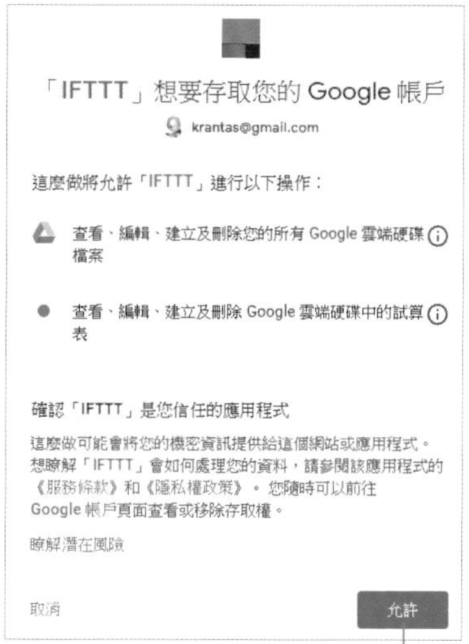
「IFTTT」想要存取您的 Google 帳戶
krantas@gmail.com
這麼做將允許「IFTTT」進行以下操作：
查看、編輯、建立及刪除您的所有 Google 雲端硬碟檔案
查看、編輯、建立及刪除 Google 雲端硬碟中的試算表
確認「IFTTT」是您信任的應用程式
這麼做可能會將您的機密資訊提供給這個網站或應用程式。想瞭解「IFTTT」會如何處理您的資料，請參閱該應用程式的《服務條款》和《隱私權政策》。您隨時可以前往 Google 帳戶頁面查看或移除存取權。
瞭解潛在風險
取消
允許

15 點允許

由於這是 Google 服務，第一次啟用時 IFTTT 平台會要求取得 Google 帳戶的存取權限：

使用 Google 帳戶登入
選擇帳戶
以繼續使用「IFTTT」
@gmail.com
使用其他帳戶
如要繼續進行，Google 會將您的姓名、電子郵件地址、語言偏好設定和個人資料相片提供給「IFTTT」。使用這個應用程式前，請先詳閱「IFTTT」的《隱私權政策》及《服務條款》。
繁體中文
說明
隱私權
條款

14 選擇 Google 帳戶（如果之前沒登入，就登入 Google 帳戶）

Choose action
Step 4 of 6
Add row to spreadsheet
This action will add a single row to the bottom of the first worksheet of a spreadsheet you specify. Note: a new spreadsheet is created after 2000 rows.
Update cell in spreadsheet
This action will update a single cell in the first worksheet of a spreadsheet you specify. Note: a new spreadsheet is created if the file doesn't exist.

16 點選被觸發的動作 Add row to spreadsheet（在 Google 試算表增加一列）

接著要設定 Google 試算表內會有哪些欄位。我們在此只需改試算表的名稱，資料夾改成 IFTTT 或你想要的任何位置 (此例為 IFTTT 資料夾), 然後點觸發行為 **Create action** (創建資料):

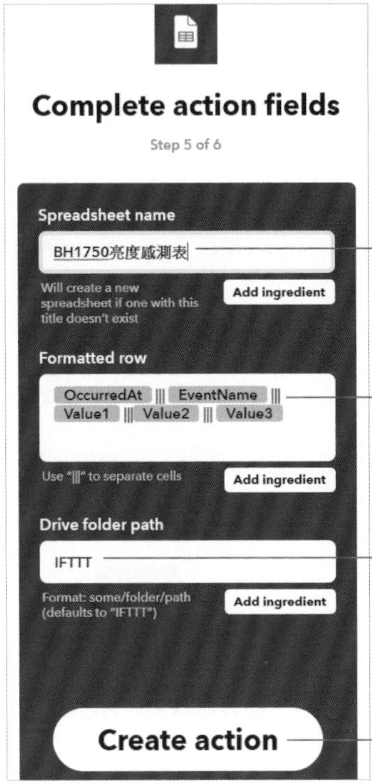

17 設定要建立的 Google 試算表名稱

18 試算表欄位變數

19 試算表在 Google 雲端硬碟的資料夾

20 點 Create action 完成設定

試算表欄位變數的意義如下 :

欄位變數名稱	意義
OccurredAt	事件觸發時間
EventName	事件名稱
Value1	傳送的資料 1
Value2	傳送的資料 2
Value3	傳送的資料 3

當使用者透過 Webhooks 觸發事件時，就會在 Google 雲端硬碟的指定資料夾下建立指定名稱的 Google 試算表，並會把上述 Value1~3 變數的值寫入。你可以參考後面 Lab 20 的實測結果。

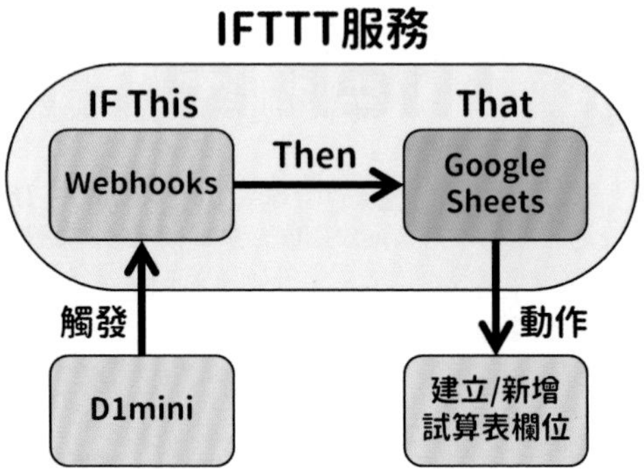

如此一來，IFTTT 平台就能在你的 Google 雲端硬碟裡建立 Google 試算表，而我們正是要用它來記錄 D1 mini 傳來的亮度感測值。

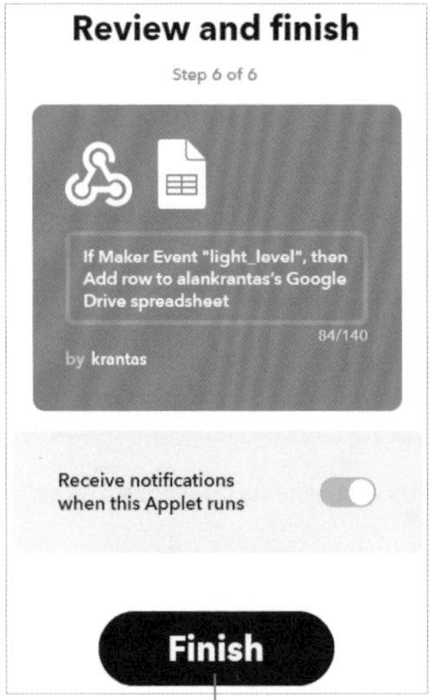

21 按 **Finish** 完成設定

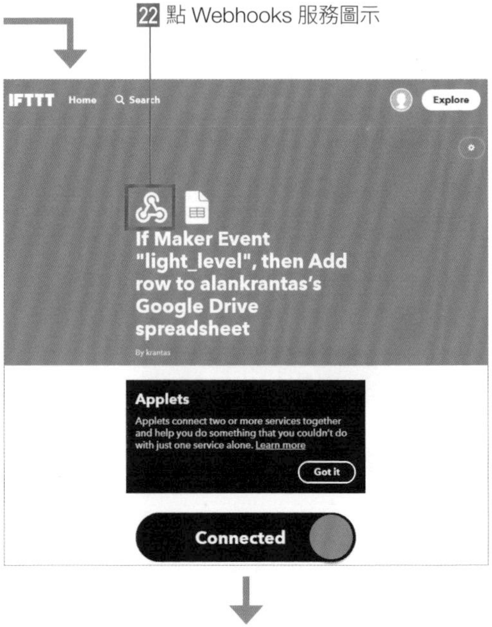

22 點 Webhooks 服務圖示

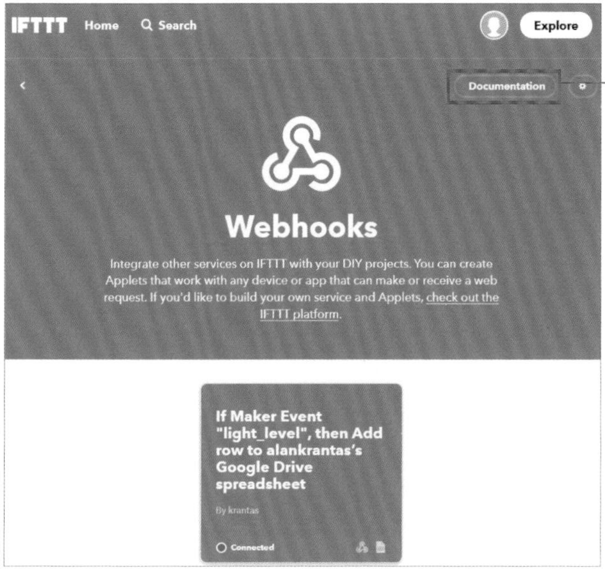
IFTTT
Home
Search
Explore
Documentation
Webhooks
Integrate other services on IFTTT with your DIY projects. You can create Applets that work with any device or app that can make or receive a web request. If you'd like to build your own service and Applets, check out the IFTTT platform.
If Maker Event "light_level", then Add row to alankrantas's Google Drive spreadsheet
By krantas
Connected

23 點右上方的 **Documentation**（說明）

Your key is: dq9ug3WQIG675
Back to service
To trigger an Event
Make a POST or GET web request to:
https://maker.ifttt.com/trigger/ light_level /with/key/dq9ug3WQIG675
With an optional JSON body of:
{ "value1" : " ", "value2" : " ", "value3" : " " }
The data is completely optional, and you can also pass value1, value2, and value3 as query parameters or form variables. This content will be passed on to the Action in your Recipe.
You can also try it with curl from a command line.
curl -X POST https://maker.ifttt.com/trigger/light_level/with/key/dq9ug3WQIG675
Test It

24 這就是你存取 Webhooks 服務的金鑰

25 在 {event} 填入剛才設定的事件 light_level

26 將產生的呼叫網址複製起來

Webhooks works better with IF
IFTTT Maker Webhooks
https://maker.ifttt.com/trigger
maker.ifttt.com/trigger/light_level/with/key/dq9ug3WQIG675
Congratulations! You've fired the light_level event

27 在瀏覽器輸入這個網址，會看到呼叫成功的訊息

⚠ 你也可以點呼叫網址說明畫面底下的 **Test it** 來測試觸發服務。

雲端硬碟
搜尋雲端硬碟
新增
我的雲端硬碟
IFTTT
檔案
我的雲端硬碟
與我共用
近期存取
已加星號
垃圾桶
備份
BH1750亮度感測表
儲存空間
目前使用量：4.8 GB (儲存空間配額：19 GB)
升級儲存空間

28 打開 Google 雲端硬碟，可看到確實有試算表出現

Lab20

雲端亮度記錄

實驗目的	讀取亮度感測模組的值，並透過 IFTTT 上傳到 Google 試算表。
材料	• D1 mini　　• 亮度感測模組

接線圖

亮度感測模組接線方式請參閱第 4 章 Lab 10。

設計原理

前面我們建立好服務處發機制後，D1 mini 只要對 Webhooks 提供的網址發出請求，IFTTT 就會把傳過去的資料寫入你的 Google 雲端硬碟內的試算表。不過，究竟要怎麼傳送資料呢？

辦法是在網址結尾加上參數：

```
呼叫網址?value1=資料1&value2=資料2&value3=資料3
```

在本 Lab 中只會用到 value1 參數，用來傳送亮度感測值，**因此只需加上 ?value1= 資料 1 即可**。

程式設計

```
import network, urequests, utime, bh1750fvi
from machine import Pin, I2C

ssid = "你的 WiFi 名稱"
pw = "你的 WiFi 密碼"
key = "你的金鑰"
# Webhooks 觸發網址
url = "https://maker.ifttt.com/trigger/light_level/with/key/" + key

print("連接 WiFi...")
wifi = network.WLAN(network.STA_IF)
wifi.active(True)
wifi.connect(ssid, pw)

while not wifi.isconnected():
    pass
print("已連上")

print("亮度記錄器已啟動")

while True:

    light_level = bh1750fvi.sample(I2C(scl=Pin(5),
                                   sda=Pin(4)), mode=0x23)

# 觸發 IFTTT Webhooks 服務
# 網址加上要傳送的資料
```

```
    response = urequests.get(url + "?value1=" +
                             str(light_level))

# HTTP 狀態碼傳 回200，觸發成功
    if response.status_code == 200:
        print("IFTTT 呼叫成功: 傳送亮度 " +
              str(light_level) + " lux")

    else:
        print("IFTTT 呼叫失敗")

    utime.sleep(5)
```

⚠ 要執行程式前請記得先修改你的 WiFi 名稱、密碼以及你的金鑰

實測

執行程式後，程式每 5 秒會傳送一次亮度到 IFTTT 平台。若在程式執行期間打開你的 Google 雲端硬碟裡剛剛建立的試算表，就可看到資料慢慢越變越多：

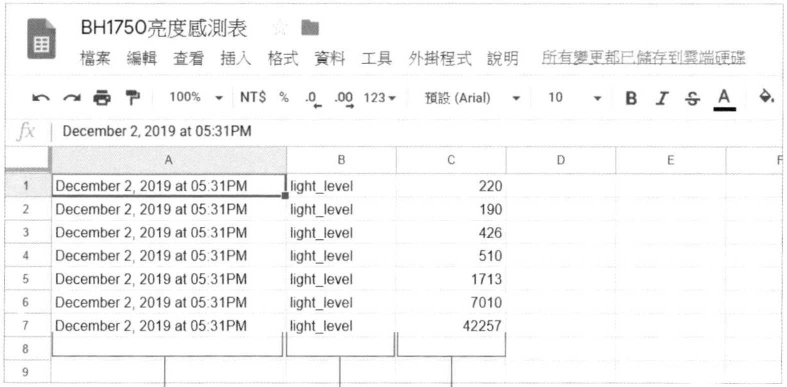

BH1750亮度感測表

December 2, 2019 at 05:31PM

	A	B	C
1	December 2, 2019 at 05:31PM	light_level	220
2	December 2, 2019 at 05:31PM	light_level	190
3	December 2, 2019 at 05:31PM	light_level	426
4	December 2, 2019 at 05:31PM	light_level	510
5	December 2, 2019 at 05:31PM	light_level	1713
6	December 2, 2019 at 05:31PM	light_level	7010
7	December 2, 2019 at 05:31PM	light_level	42257

1 事件觸發時間 (OccurredAt)　2 事件名稱 (EventName)　3 資料 1 (Value 1)

編輯器互動環境視窗的輸出結果則如下：

```
連接 WiFi...
已連上
IP:192.168.100.155
IFTTT 呼叫成功: 傳送亮度 220 lux
IFTTT 呼叫成功: 傳送亮度 190 lux
IFTTT 呼叫成功: 傳送亮度 426 lux
IFTTT 呼叫成功: 傳送亮度 510 lux
IFTTT 呼叫成功: 傳送亮度 1713 lux
IFTTT 呼叫成功: 傳送亮度 7010 lux
IFTTT 呼叫成功: 傳送亮度 42257 lux
```

7-4 雲端防盜警報器 – 使用 IFTTT 發送 Line 通知

除了在雲端記錄感測器讀數，我們也能用感測器來實作警報器，比如在你出門後，能判斷家中是否有外人闖入、並即時發出 Line 通知的裝置。

Lab21 雲端防盜警報器

實驗目的	讀取超音波模組的值，有物體經過就透過 IFTTT 發送 Line 通知。
材料	● D1 mini　● 超音波模組

接線圖

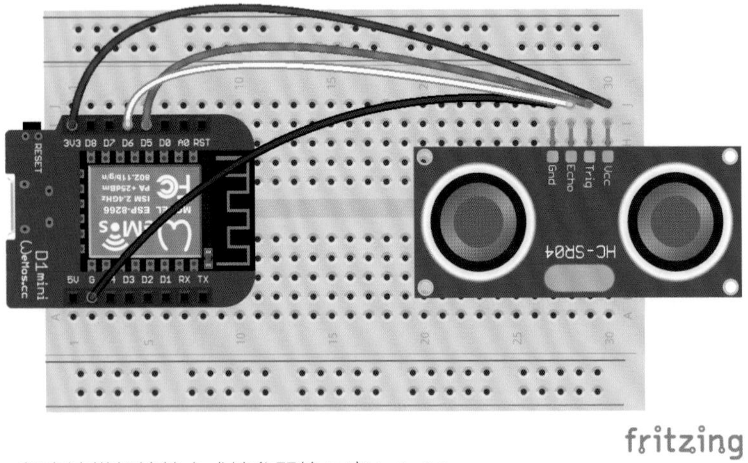

超音波模組接線方式請參閱第 3 章 Lab 06。

設計原理

這裡我們同樣要利用 Webhooks 服務作為觸發來源，但被觸發的服務換成 Line 服務。

1 請照 Lab 20 的方式建立一個新的 Webhooks 事件叫 **sonar_detected**

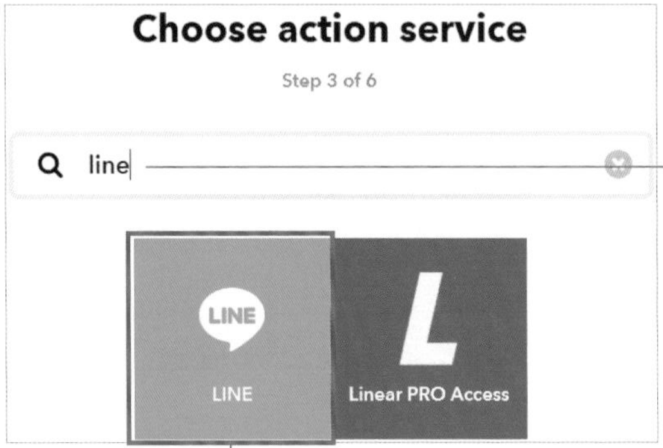

2 設好 Webhooks 服務後，在搜尋被觸發服務的畫面輸入 **line**

3 選擇 Line 服務

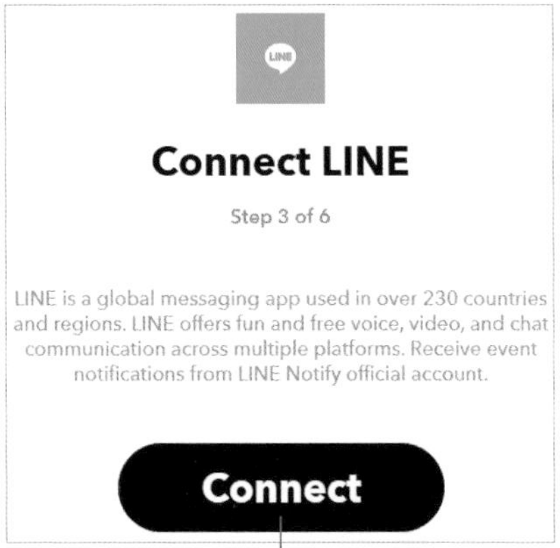

4 按 **Connect** 啟用

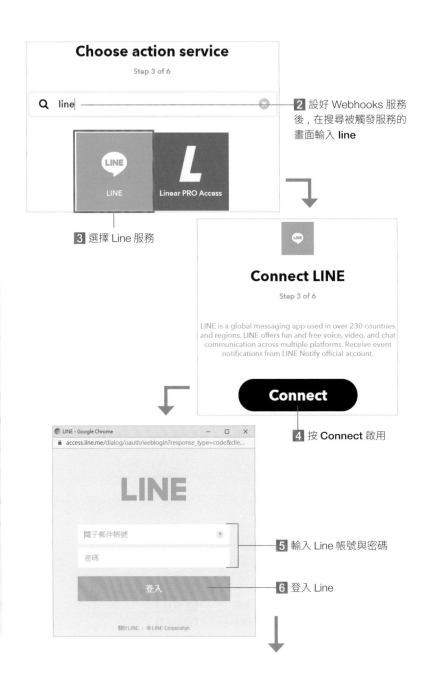

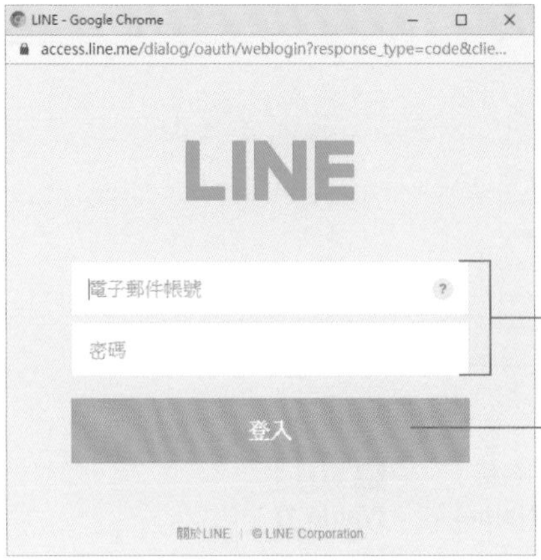

5 輸入 Line 帳號與密碼

6 登入 Line

7 點**同意並連動**來授權 IFTTT 存取你的 Line 帳號

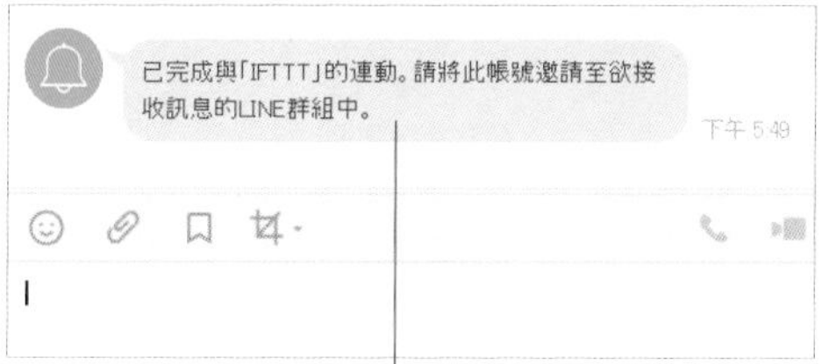

8 你的 Line 會收到連動通知

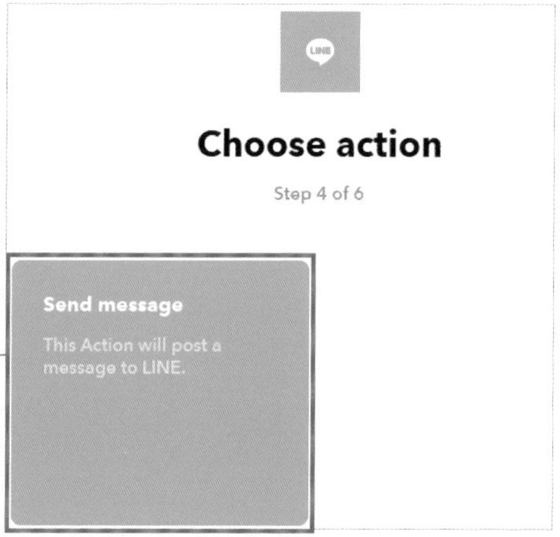

9 回到 IFTTT 網站，點 Send message（傳送訊息）

10 輸入你想收到的訊息內容

11 點 Create action 完成設定

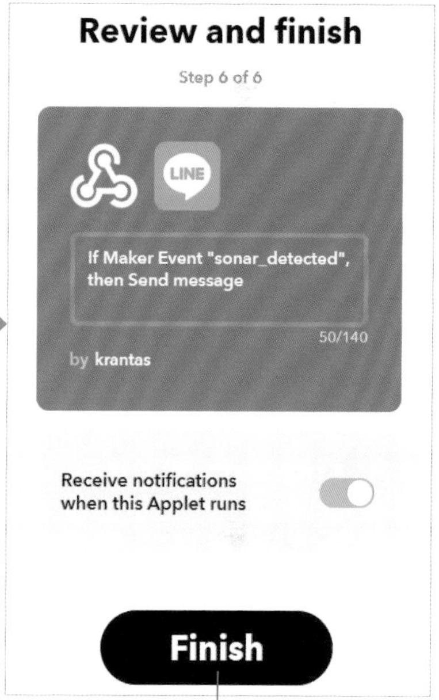

12 點 Finish 結束

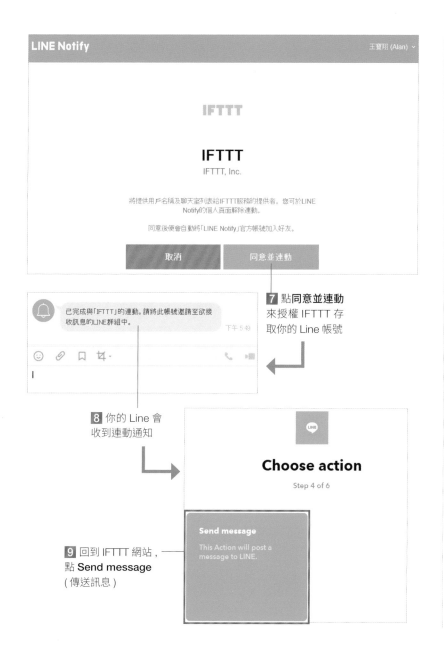

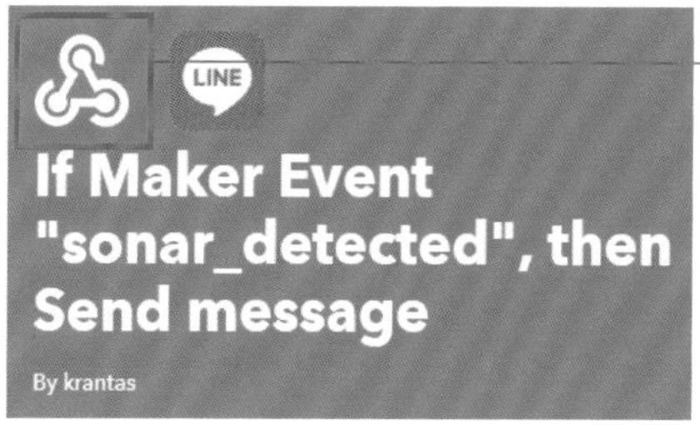

13 同樣點 Webhooks 服務圖示，並在下頁點 Documents

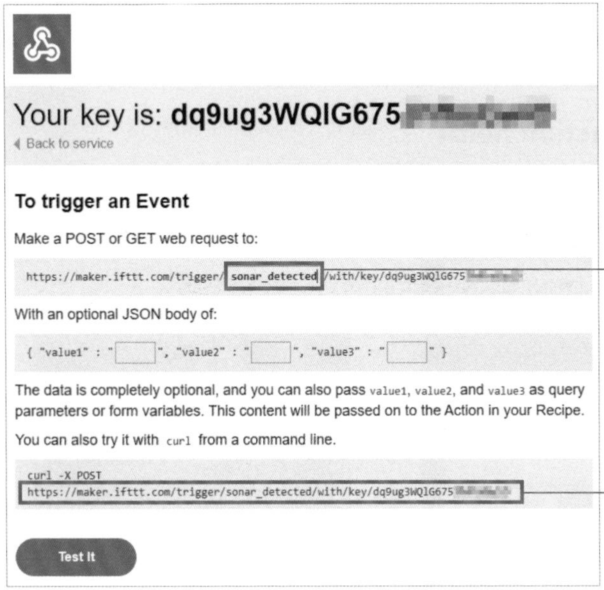
Your key is: dq9ug3WQIG675
Back to service
To trigger an Event
Make a POST or GET web request to:
https://maker.ifttt.com/trigger/sonar_detected/with/key/dq9ug3WQlG675
With an optional JSON body of:
{ "value1" : "", "value2" : "", "value3" : "" }
The data is completely optional, and you can also pass value1, value2, and value3 as query parameters or form variables. This content will be passed on to the Action in your Recipe.
You can also try it with curl from a command line.
curl -X POST
https://maker.ifttt.com/trigger/sonar_detected/with/key/dq9ug3WQlG675
Test It

14 修改事件為 sonar_detected

15 複製呼叫網址

程式設計

```
import network, urequests, utime
from machine import Pin, I2C
from hcsr04 import HCSR04

sonar = HCSR04(trigger_pin=14, echo_pin=12)

ssid = "你的 WiFi 名稱"
pw = "你的 WiFi 密碼"
key = "你的金鑰"
url = "https://maker.ifttt.com/trigger/sonar_detected/with/key/" + key

print("連接 WiFi: " + ssid + "...")
wifi = network.WLAN(network.STA_IF)
wifi.active(True)
wifi.connect(ssid, pw)
while not wifi.isconnected():
    pass
print("已連上")
print("防盜器已啟動")

while True:

    distance = sonar.distance_cm()

    if 2 <= distance <= 10:

        print("偵測到不明物 !!!")
        response = urequests.get(url)

        if response.status_code == 200:
            print("IFTTT 呼叫成功: 傳送 Line 通知")
        else:
            print("IFTTT 呼叫失敗")

        utime.sleep(5)

    else:
        utime.sleep(0.1)
```

⚠ 要執行程式前請記得先修改你的 WiFi 名稱、密碼以及你的金鑰

實測

執行程式後，當有物體出現在超音波模組前方 10 公分內 (你可視情況再調整偵測距離), 你的 Line 就會收到通知 :

【IFTTT】防盜器被觸發 !!!
【IFTTT】防盜器被觸發 !!!
【IFTTT】防盜器被觸發 !!!
下午 6:01

編輯器內的輸出資訊如下 :

```
連接 WiFi: ...
已連上
防盜器已啟動
偵測到不明物 !!!
IFTTT 呼叫成功: 傳送 Line 通知
偵測到不明物 !!!
IFTTT 呼叫成功: 傳送 Line 通知
偵測到不明物 !!!
IFTTT 呼叫成功: 傳送 Line 通知
```

CHAPTER 08

整個網路都是我的感測器 – JSON 網路資料爬蟲

在上一章，我們用 D1 mini 把感測器資料傳到網路上 – 但網際網路本身其實也是個超大的感測器，我們能從中取得各式各樣的有用資訊

8-1 抓取和解析 JSON 格式資料

JSON (JavaScript Object Notation, JavaScript 物件表示法) 是一種電腦文字資料交換格式，很容易被人和程式讀取。在網路上，有許多 **API** (Application Programming Interface, 應用程式介面) 會傳回 JSON 格式的資料。這些 API 和一般網站一樣有個網址，差別在於客戶端呼叫它後，它傳回的不是網頁而是 JSON 資料。

為了示範如何取得和解讀 JSON 格式資料，我們先以一個簡單的免費 API 為例：https://api.icndb.com/jokes/random。

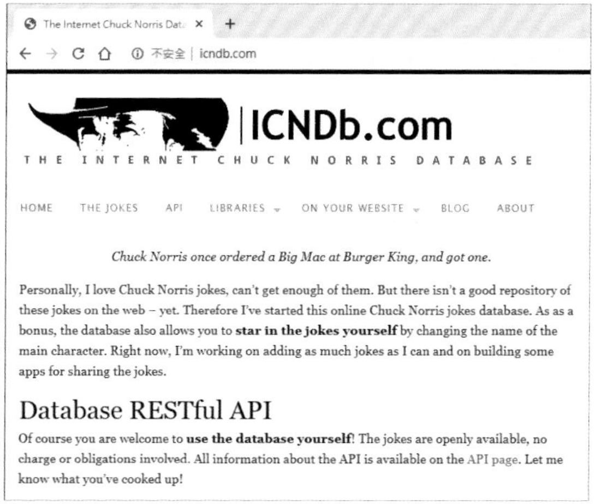

The Internet Chuck Norris Dat
不安全 | icndb.com
ICNDb.com
THE INTERNET CHUCK NORRIS DATABASE
HOME THE JOKES API LIBRARIES ON YOUR WEBSITE BLOG ABOUT
Chuck Norris once ordered a Big Mac at Burger King, and got one.
Personally, I love Chuck Norris jokes, can't get enough of them. But there isn't a good repository of these jokes on the web – yet. Therefore I've started this online Chuck Norris jokes database. As as a bonus, the database also allows you to star in the jokes yourself by changing the name of the main character. Right now, I'm working on adding as much jokes as I can and on building some apps for sharing the jokes.
Database RESTful API
Of course you are welcome to use the database yourself! The jokes are openly available, no charge or obligations involved. All information about the API is available on the API page. Let me know what you've cooked up!

這個 API 來自網站 The Internet Chuck Norris Database (查克羅禮士網路真相大全) – 查克羅禮士曾是知名動作明星，2005 年起人們在網路上創作關於他的各種誇大搞笑**事蹟**，而這 API 的用途就是讓你隨機查詢這些笑話。此 API 結構簡單，因此很適合當成範例。

```
# D1 mini 得先連上 WiFi - 見第 7 章
url = "https://api.icndb.com/jokes/random" # API 網址
response = urequests.get(url)   # 呼叫 API 和取得回應資料
parsed = response.json()        # 把回應資料轉換成 JSON 格式
print(parsed)                   # 印出 JSON 內容
```

若執行以上程式，你會在編輯器互動環境窗格中看到類似以下的結果：

```
{'value': {'id': 344, 'joke': 'Aliens DO indeed exist. They
just know better than to visit a planet that Chuck Norris is
 on.', 'categories': []}, 'type': 'success'}
```

如果把以上這段排版過，就會得到類似以下的結果：

```
{
   'value':{
      'id':344,
```

```
        'joke':'Aliens DO indeed exist. They just know better
 than to visit a planet that Chuck Norris is on.',
        'categories':[
        ]
    },
    'type':'success'
}
```

我們可以看到 JSON 資料是以**鍵** (資料名稱) : **值** (資料內容) 的方式配對的多層結構，像這裡的笑話就在鍵 **value** 的值內層鍵 **joke** 的值中：

軟體補給站

response.json() 會把收到的 JSON 格式資料轉成 Python 中的**字典** (dict), 字典內的每筆資料也是由**鍵 : 值**組成。可以先在互動環境窗格中輸入如下指令：

```
>>> dict={'name':'Adom','age':11,'eaten':[{'apple':3},
                                         {'banana':2}]}
```

此行程式碼創建了一個名叫 dict 的字典，其中記錄了 Adom 的名字、年紀、吃過的東西與其數量，可以看到 dict 中的一個鍵 eaten (吃過的東西) 也可以是一個串列，串列內放了兩個字典資料 ({'apple':3}, {'banana':2}), 形成類似巢狀的結構。創建完上方的字典後，您可以在互動環境窗格中輸入下列指令熟悉字典的形式與用法。

```
>>> dict['eaten']
[{'apple': 3}, {'banana': 2}] # eaten 串列內有 2 個字典資料
>>> dict['eaten'][0]
{'apple': 3}                  # eaten 串列中第 1 個資料
>>> dict['eaten'][0]['apple']
3           # eaten 串列中第 1 個資料對應到的值
```

```
value = parsed["value"]
joke = value["joke"]
# 上面這兩句也可合併成 joke = parsed["value"]["joke"]
print(joke)
```

這會在編輯器互動環境視窗印出以下字串：

```
Aliens DO indeed exist. They just know better than to visit a
 planet that Chuck Norris is on.
# 翻譯: 外星人的確存在, 只是沒膽造訪查克羅禮士所在的星球。
```

網路上 API 種類繁多, 如何正確抓取你需要的資料, 就取決於該 API 傳回資料的結構。通常 API 的網站會有說明文件, 協助使用者了解 API 的使用方式。

下面我們就以三個 API 來示範, 如何用 D1 mini 透過網路從 API 取得有用的資訊。

8-2 國際太空站什麼時候經過頭上？

國際太空站 (ISS) 服役二十年來，一直在地球軌道上替無重力實驗提供重大貢獻。ISS 軌道離地約 400 公里，每 90 分鐘繞地球一周，軌道傾斜角為 51 度, 因此隨著時間經過, ISS 一定會掠過世界上每個角落。

若 ISS 剛好在晴朗的日出前或日落後經過天際，就有機會從地表用肉眼看見。但 ISS 什麼時候會經過你所在地頭上呢？

Lab22 國際太空站查詢器

實驗目的	從 API 取得 ISS 掠過你所在地頭上的時間。	
材料	• D1 mini	• OLED 模組
API 網址	http://api.open-notify.org/iss-pass.json	

接線圖

與第 2 章 Lab 03 相同。

使用 API

要使用此 API, 網址後面必須加上所在地的經緯度參數：

```
http://api.open-notify.org/iss-pass.json?lat=緯度&lon=經度
```

軟體補給站　如何查詢某城市的經緯度？

最快的方式之一是找到該城市的維基百科頁面，然後點右上角的**座標**，下一頁即可找到經緯度，第 1 個數字為緯度 (latitude), 第 2 個為經度 (longitude)。

以台北為例，經緯度是 (25.066667, 121.516667), 因此 API 參數為 "?lat=25.066667&lon=121.516667"。呼叫後傳回內容範例如下：

```
{
  "message": "success",         # 查詢成功與否
  "request": {                  # 查詢參數
    "altitude": 100,            # 觀察者高度預設為 100(公尺)
    "datetime": 1575511953,     # 查詢時間
    "latitude": 25.066667,      # 緯度
    "longitude": 121.516667,    # 經度
    "passes": 5                 # 此次查詢傳回的國際太空站經過次數
  },
  "response": [                 # 查詢結果
    {                           # 第1次掠過 (第1筆資料)
      "duration": 282,          # 經過時間 (秒)
      "risetime": 1576477844    # 開始時間 (Unix 時間戳)
    },
    {                           # 第2次掠過 (第2筆資料)
      "duration": 633,          # 經過時間 (秒)
      "risetime": 1576483518    # 開始時間 (Unix 時間戳)
    },
# …下略
  ]
}
```

軟體補給站

在此 API 裡，**掠過頭上**的定義是在觀察者上方 10 度範圍內。

設計原理

這個 API 會將 ISS 最近會掠過指定經緯度的時刻和時間長度放入鍵 response 的值中。資料有好幾筆，但這裡我們只需要知道最近一次即可。這些資料會被 Python 轉成串列 (list), 第 1 筆編號為 0, 第 2 筆編號為 1。因此：

```
data = parsed["response"][0] # 取得 response 下的第 1 筆資料
time = data["risetime"]
print(time)
```

如果想取得第 2 筆資料，就要寫 data = parsed["response"][1]。

要注意子鍵 **risetime** 傳回的時間格式是 **Unix 時間戳**，也就是從 1970 年 1 月 1 日 0 時起至今的總秒數，而總秒數在 Python 可以用 time.localtime() 方法轉換成標準日期格式。

問題在於，D1 mini 的預設初始時間是 2000 年 1 月 1 日 0 時，與 Unix 時間戳相差了 946684800 秒，因此必須先把總秒數減去這個值。此外，Unix 時間戳是世界協調時間 (UTC)，因此我們也得把總秒數加上 28800 (8 * 60 * 60 秒 = 8 小時)，才能得到台北當地時間 (UTC+8)。

time.localtime() 方法會傳回 (2019, 12, 16, 14, 30, 44, 0, 350) 這樣類似串列的資料組，我們可以存取當中的每一項日期或時間資訊：

項目編號	0	1	2	3	4	5	6	7
值	2019	12	16	14	30	44	0	350
意義	年	月	日	時	分	秒	星期幾 (星期一為 0, 星期日為 6)	今年第幾日

```
pass_localtime = time.localtime(Unix 時間戳秒數)
year = pass_localtime[0] # 取得年份
hour = pass_localtime[3] # 取得小時
```

如果呼叫 time.localtime() 時沒有給 Unix 時間戳參數，它就會傳回控制板目前的系統時間 (每次開機後但尚未校正時，會從 2000 年 1 月 1 日 0 時開始計)。

程式設計

```
import network, urequests, utime
from machine import Pin, I2C
from ssd1306 import SSD1306_I2C
```

```
oled = SSD1306_I2C(128, 64, I2C(scl=Pin(5), sda=Pin(4)))

ssid = "你的 WiFi 名稱"
pw = "你的 WiFi 密碼"
url = "http://api.open-notify.org/iss-pass.json?lat=25.066667
&lon=121.516667"

print("連接 WiFi...")
wifi = network.WLAN(network.STA_IF)
wifi.active(True)
wifi.connect(ssid, pw)
while not wifi.isconnected():
    pass
print("已連上")

response = urequests.get(url)

if response.status_code == 200:

    parsed = response.json()
    print("JSON 資料查詢成功:")
    print("")

    print("國際太空站下次掠過時間:")

    # 取得 response 底下第 1 筆資料
    data = parsed["response"][0]

    # 計算正確 Unix 時間戳秒數
    pass_time = int(data["risetime"]) - 946684800 + 28800
    # 換算成本地時間
    pass_localtime = utime.localtime(pass_time)
    # 取得年, 月, 日, 時, 分, 秒
    year = str(pass_localtime[0])
    month = str(pass_localtime[1])
    day = str(pass_localtime[2])
    hour = str(pass_localtime[3])
    minute = str(pass_localtime[4])
    second = str(pass_localtime[5])
```

```
    # 取得經過時間
    duration = str(data["duration"])

    # 把時間資料組合成字串
    date = str(year) + "/" + str(month) + "/" + str(day)
    time = str(hour) + ":" + str(minute) + ":" + str(second)

    # 在編輯器輸出資料
    print(date + " " + time + " (為時 " + duration + " 秒)")

    # 在 OLED 模組顯示資料
    oled.fill(0)
    oled.text("ISS next flyby", 0, 0)
    oled.text("Date: " + str(year) + "/" +
              str(month) + "/" + str(day), 0, 24)
    oled.text("Time: " + str(hour) + ":" +
              str(minute) + ":" + str(second), 0, 40)
    oled.text("Duration: " + str(duration) + "s", 0, 56)
    oled.show()
```

實測

修改程式中的 WiFi 名稱與密碼，然後執行程式，編輯器互動環境窗格和 OLED 一會兒後就會顯示查詢到的結果：

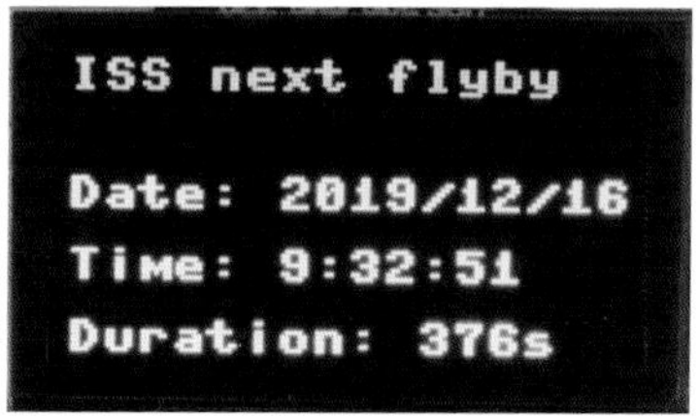


```
連接 WiFi...
已連上
JSON 資料查詢成功:

國際太空站下次掠過時間:
2019/12/16 9:32:51 (為時 376 秒)
```

8-3 股價查詢

靠股票扭轉人生是許多人的夢想，這些人會時時關心股市動態。這裡我們就來實作一個能查詢國外上市股票價格的小工具。

我們使用的服務來自網站 marketstack (https://marketstack.com), 此網站允許免費使用者每月查詢 1000 筆資料。

申請帳號與取得 API 金鑰

1 到 marketstack 網站點選右上方的 **SIGN UP FREE**

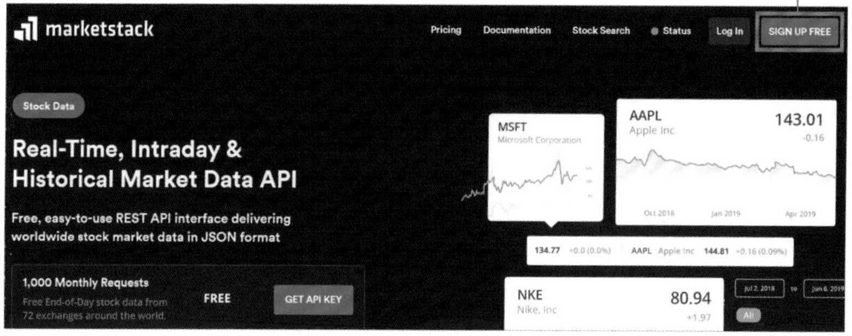

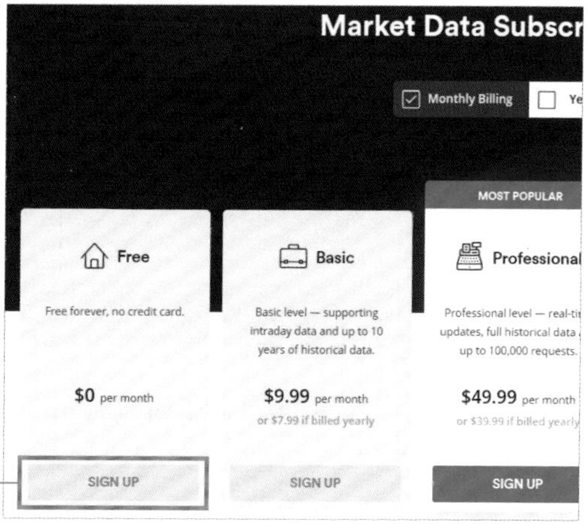

2 點擊 Free 方案下方的 **SIGN UP**

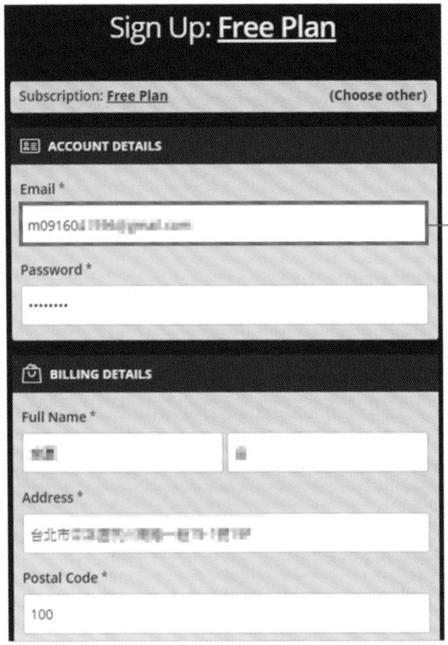

3 輸入要註冊的信箱、密碼、名字及地址等資料

4 勾選**我不是機器人**

5 勾選同意服務條款

6 點擊 **Sign UP** 完成註冊流程

7 到 marketstack 的首頁點選右上角的 **Dashboard**

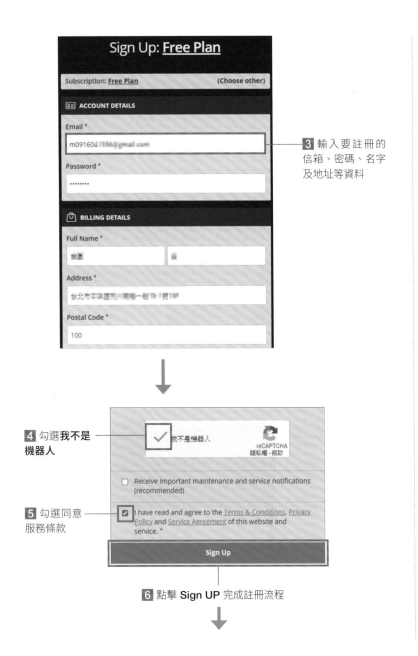

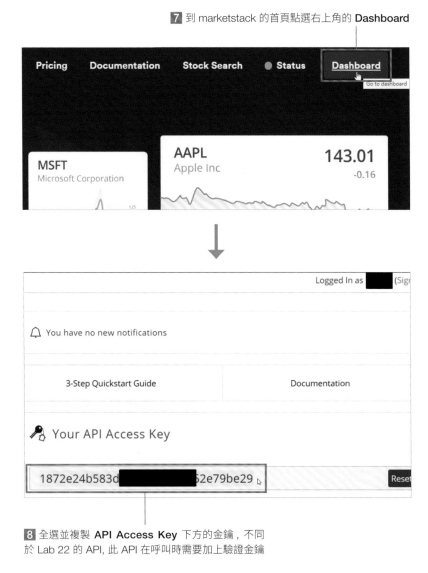

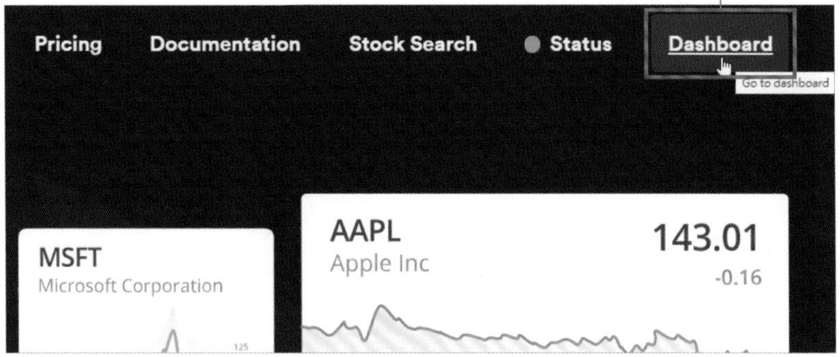

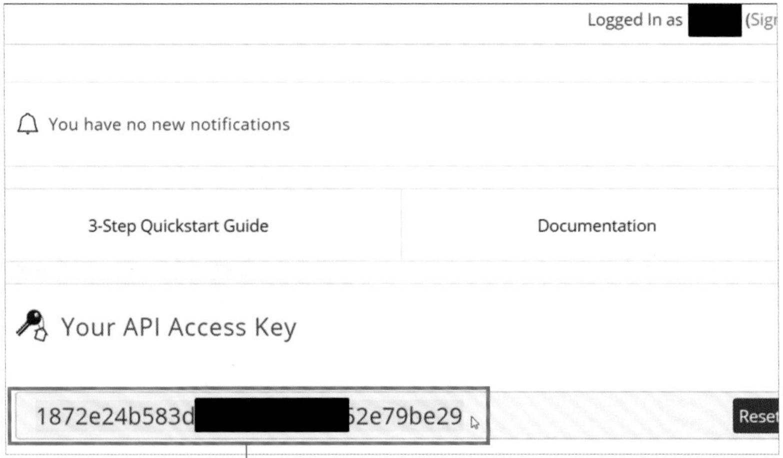

8 全選並複製 **API Access Key** 下方的金鑰，不同於 Lab 22 的 API，此 API 在呼叫時需要加上驗證金鑰

Lab23

簡易股票機

實驗目的	從從 API 取得上市股票的相關交易資訊。
材料	• D1 mini　　• OLED 模組
API 網址	http://api.marketstack.com/v1/

接線圖

與 Lab 03 相同。

使用 API

申請好帳號後，查詢股價的 API 如下：

```
http://api.marketstack.com/v1/eod?access_key=金鑰
&limit=1&symbols=股票代號
```

股票代號是一間上市公司在某個股票交易所 (比如紐約證交所，那斯達克) 使用的股票名稱 / 代號。以下舉幾個例子：

公司	蘋果	亞馬遜	特斯拉	任天堂	台積電
股票名稱	AAPL	AMZN	TSLA	NTDOY	TSM

軟體補給站

你也可以到網站的說明頁面查看詳細的傳回項目：

https://marketstack.com/documentation

此外在使用者的帳戶頁面 (https://marketstack.com/usage) 中也能看到你的當日查詢額度：

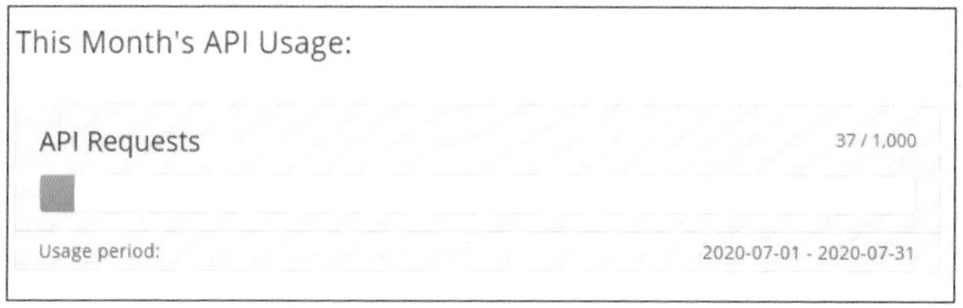

設計原理

和 Lab 22 一樣，這裡我們只會查詢一支股票的資訊，並顯示在 OLED 模組上。我們在此 Lab 想查詢的資料如下：

鍵 data 底下的子鍵	意義
name	股票名稱
price	股價
last_trade_time	最後交易時間

程式設計

```
import network, urequests, time
from machine import Pin, I2C
from ssd1306 import SSD1306_I2C

oled = SSD1306_I2C(128, 64, I2C(scl=Pin(5), sda=Pin(4)))

ssid = "你的 WiFi 名稱"
pw = "你的 WiFi 密碼"

stock_name = "TSM" # 欲查詢的股票名稱

key = "你的查詢金鑰"
# 產生查詢網址
url = "http://api.marketstack.com/v1/eod?access_key=" + key
       +"&limit=1&symbols=" + stock_name

print("連接 WiFi...")
wifi = network.WLAN(network.STA_IF)
wifi.active(True)
wifi.connect(ssid, pw)
while not wifi.isconnected():
    pass
print("已連上")

response = urequests.get(url)

if response.status_code == 200:

    parsed = response.json()
    print("JSON 資料查詢成功:\n")

# 取得第 1 筆股票資料
    stock = parsed["data"][0]

# 取得資料中的特定項目
    name = stock["symbol"]
    price = str(stock["close"]) + "USD"
    trade_time = stock["date"]

# 在編輯器輸出資料
    print("公司名稱: " + name)
    print("股價: " + price)
    print("最後交易時間: " + trade_time)

# 在 OLED 模組顯示資料
    oled.fill(0)
    oled.text("Stock: " + name, 0, 0)
    oled.text("$: " + price, 0, 16)
    oled.text("Last trade time:", 0, 32)
    oled.text(trade_time, 0, 48)
    oled.show()
```

實測

執行程式後，編輯器互動環境視窗會看到類似以下的結果：

```
連接 WiFi...
已連上
JSON 資料查詢成功:

公司名稱: TSM
股價: 66.59USD
最後交易時間: 2020-07-16T00:00:00+0000
```

8-4 網路對時

如今的石英鐘便宜又好用，只是每過一段時間就會開始變得太慢或太快，或者電池會沒電，必須重新對時。如果有台能自己對時、永保精確的網路鐘，那不是很棒嗎？

取得 API

此 API 由網站 **World Time API** (http://worldtimeapi.org/) 提供，是能免費查詢世界各地時間的服務。

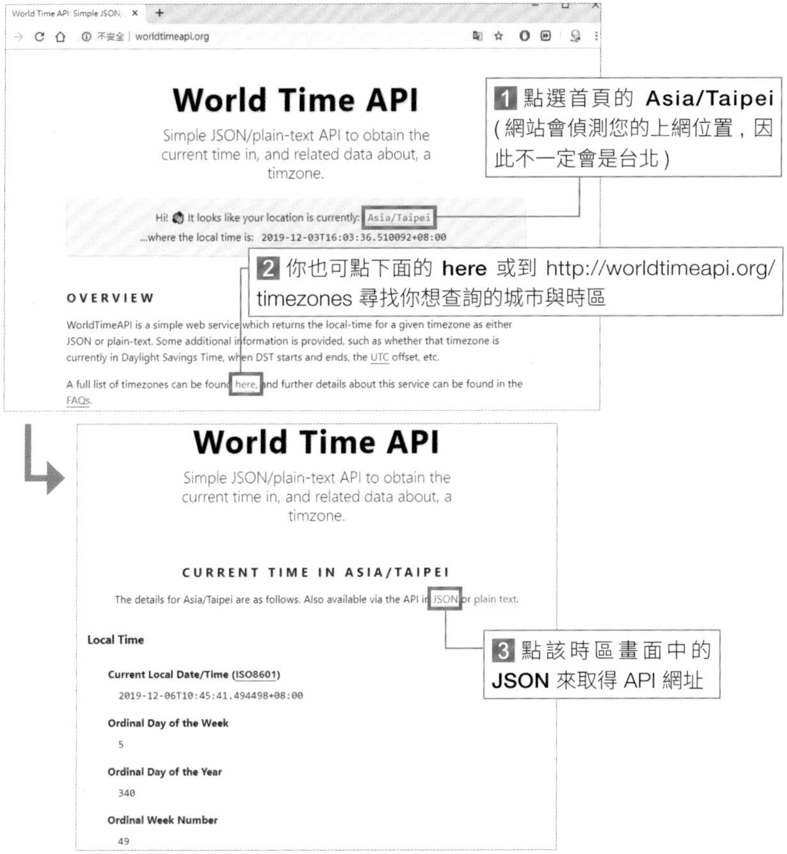
World Time API
Simple JSON/plain-text API to obtain the current time in, and related data about, a timzone.
Hi! It looks like your location is currently: Asia/Taipei
...where the local time is: 2019-12-03T16:03:36.510092+08:00
OVERVIEW
WorldTimeAPI is a simple web service which returns the local-time for a given timezone as either JSON or plain-text. Some additional information is provided, such as whether that timezone is currently in Daylight Savings Time, when DST starts and ends, the UTC offset, etc.
A full list of timezones can be found here, and further details about this service can be found in the FAQs.
1 點選首頁的 Asia/Taipei (網站會偵測您的上網位置，因此不一定會是台北)
2 你也可點下面的 here 或到 http://worldtimeapi.org/timezones 尋找你想查詢的城市與時區
World Time API
Simple JSON/plain-text API to obtain the current time in, and related data about, a timzone.
CURRENT TIME IN ASIA/TAIPEI
The details for Asia/Taipei are as follows. Also available via the API in JSON or plain text.
Local Time
Current Local Date/Time (ISO8601)
2019-12-06T10:45:41.494498+08:00
Ordinal Day of the Week
5
Ordinal Day of the Year
340
Ordinal Week Number
49
3 點該時區畫面中的 JSON 來取得 API 網址

worldtimeapi.org/api/timezone/Asia/Taipei
4 這兒就是你查詢時要呼叫的網址

呼叫後傳回的範例結果如下：(只顯示部分內容)

```
{
    "week_number":51,                # 目前為當年第幾周
    "utc_offset":"+08:00",           # 時差 (小時)
    "utc_datetime":"2019-12-16T04:24:47.715637+00:00",
                                     # UTC 標準時間
    "unixtime":1576470287,           # UTC 時間的 Unix 時間戳
    "timezone":"Asia/Taipei",        # 時區/城市名稱
    "raw_offset":28800,              # 時差 (秒)
    "day_of_year":350,               # 目前為當年第幾日
    "day_of_week":1,          # 星期幾 (星期一為 1, 星期日為 7)
    "datetime":"2019-12-16T12:24:47.715637+08:00", # 本地時間
    "abbreviation":"CST"      # 時區簡稱
}
```

其中鍵 **datetime** 對應的字串就是我們要取得的時間資料，而且已經是調整過時差的本地時間；**day_of_week** 則能告訴我們現在是星期幾。

這個 API 看似比前面的單純，但我們仍然需要做些處理，才能變成控制板能存取、並顯示給使用者看的時間資料。

Lab24

自動對時鐘

實驗目的	從 API 取得時間，用來更新 D1 mini 系統時間並顯示在 OLED 模組上。
材料	• D1 mini　　• OLED 模組
API 網址	http://worldtimeapi.org/api/timezone/Asia/Taipei

接線圖

與 Lab 03 相同。

設計原理

呼叫 API 後，從傳回結果中的鍵 **datetime** 可得類似以下的字串：

原始字串	2019-	12-	06	T	10:	51:	06.	628485	+	08:00
意義	年	月	日	T	時	分	秒	秒小數位	+	時差
位置編號	0~4	5~7	8~9	10	11~13	14~6	17~19	20~25	26	27~31

由於這是一整個字串，Python 可以用擷取串列內元素的方式抽取出個別資料。字串擷取方式如下：

```
擷取結果 = 字串[擷取起點:擷取終點後一格]
```

因此我們可以擷取出特定的時間資料：

```
datetime_str = str(parsed["datetime"]) # 取得鍵 datetime 的值
year = int(datetime_str[0:4])    # 抽取年份 (位置 0 到 3, 共 4 位數)
hour = int(datetime_str[11:13]) # 抽取小時 (位置 11 到 12, 共 2 位數)
```

這麼一來，我們就能用想要的方式顯示日期和時間了。

不過，每秒都要呼叫 API，這樣其實會對 API 服務造成負擔。因此我們會拿這時間來更新控制板系統時間，然後平時讀取系統時間就可以了。考慮到 D1 mini 處理器的計時精確性，我們建議最慢每小時校正一次 (下面的程式是 10 分鐘)。

為了更新系統時間，要使用 MicroPython 內建的 **RTC** (Real Time Clock, 實時時鐘) 函式庫：

```
from machine import RTC
rtc = RTC() # 建立 RTC 物件
print(rtc.datetime()) # 顯示系統時間
# 設定系統時間
rtc.datetime((年, 月, 日, 星期幾, 時, 分, 秒, 秒小數點))
```

注意 RTC 傳回的時間格式會像是 (2019, 12, 16, 0, 9, 48, 0, 89), 和 Lab 22 的 time.localtime() 傳回的格式不太一樣：

項目編號	0	1	2	3	4	5	6	7
值	2019	12	16	0	9	48	0	89
意義	年	月	日	星期幾 (星期一為 0, 星期日為 6)	時	分	秒	秒小數點

透過 RTC 更新系統時間後，我們就能取得個別的時間資料：

```
year = rtc.datetime()[0]
hour = rtc.datetime()[4]
```

軟體補給站

如果控制板的時間透過 RTC 更新了，那麼呼叫 time.localtime() 後也會得到更新過的時間。

程式設計

```
from machine import Pin, I2C, RTC
from ssd1306 import SSD1306_I2C
import network, urequests, utime

ssid = "你的 WiFi 名稱"
pw = "你的 WiFi 密碼"
url = "http://worldtimeapi.org/api/timezone/Asia/Taipei"
web_query_delay = 600000 # 查詢間隔設為 10 分鐘

# 星期幾的對照字典
weekday_name = {0:"Monday", 1:"Tuesday", 2:"Wednesday",
 3:"Thursday", 4:"Friday", 5: "Saturday", 6:"Sunday"}

oled = SSD1306_I2C(128, 64, I2C(scl=Pin(5), sda=Pin(4)))
rtc = RTC()

print("連接 WiFi...")
wifi = network.WLAN(network.STA_IF)
wifi.active(True)
wifi.connect(ssid, pw)
while not wifi.isconnected():
    pass
print("已連上")

# 把原本的系統時間減去查詢間隔時間, 好讓開機後就會先查一次
update_time = utime.ticks_ms() - web_query_delay

while True:

    # 當系統過了間隔時間時
    if utime.ticks_ms() - update_time >= web_query_delay:

        response = urequests.get(url) # 呼叫 API

        if response.status_code == 200:

            parsed = response.json()
            print("JSON 資料查詢成功")

            # 取得鍵 datetime 的內容
            datetime_str = str(parsed["datetime"])
            # 解析日期與時間資料
            year = int(datetime_str[0:4])
            month = int(datetime_str[5:7])
            day = int(datetime_str[8:10])
            hour = int(datetime_str[11:13])
            minute = int(datetime_str[14:16])
            second = int(datetime_str[17:19])
            subsecond = int(round(int(datetime_str[20:26]) /
                                    10000))
            # 取得星期幾的資料
            weekday = int(parsed["day_of_week"]) - 1

            # 將時間資料寫入 RTC, 更新系統時間
            rtc.datetime((year, month, day, weekday, hour,
                          minute, second, subsecond))
            print("系統時間已更新:")
            print(rtc.datetime())

            # 更新查詢時間
            update_utime = utime.ticks_ms()

        else:
            print("JSON 資料查詢失敗")

    # 設定要顯示在 OLED 的文字 (從 RTC 查詢)
    weekday_str = " " + weekday_name[rtc.datetime()[3]]
    date_str = " {:02}/{:02}/{:4}".format(rtc.datetime()[1],
                   rtc.datetime()[2], rtc.datetime()[0])
    time_str = " {:02}:{:02}:{:02}".format(rtc.datetime()[4],
                   rtc.datetime()[5], rtc.datetime()[6])

    # 於 OLED 顯示日期時間
    oled.fill(0)
    oled.text(weekday_str, 0, 8) # 星期幾
    oled.text(date_str, 0, 24)   # 日期
    oled.text(time_str, 0, 40)   # 時間
    oled.show()

    utime.sleep(0.1)
```

軟體補給站

在 OLED 顯示文字時，我們使用了**字串 .format()** 來做格式化。大括號 {} 內代表要填入參數的地方，參數就放在 format() 裡面。{:02} 的意思是資料有 2 位數，不足 2 位數會往左補 0。

你可以到 https://pyformat.info 深入了解 Python 的字串格式化功能。

在程式開頭也加入了個存有星期幾名稱的**字典**叫做 weekday，讓我們能用數字取得對應的星期名稱：

```
星期幾名稱 = weekday_name[星期幾數字]
```

⚠ 要執行程式前請記得先修改你的 WiFi 名稱、密碼

實測

執行程式後，可看到 OLED 模組像真實時鐘一樣顯示出時間：

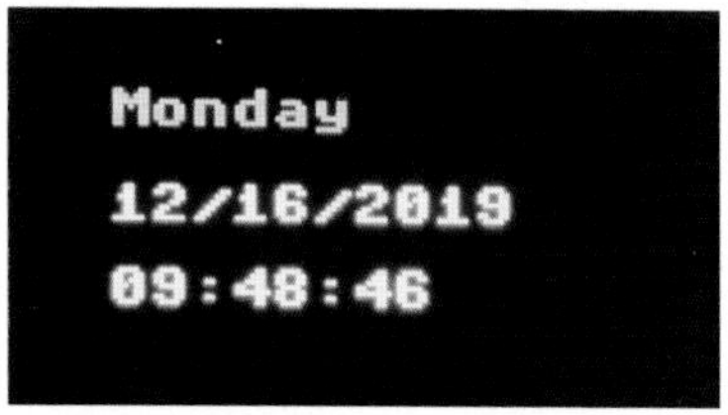

編輯器互動環境窗格則會在更新時間時顯示一點資訊：

```
連接 WiFi...
已連上
JSON 資料查詢成功
系統時間已更新：
(2019, 12, 16, 0, 9, 48, 0, 89)
```

如果你希望這個裝置接上電源就會自動運作，請照第 1 章將程式儲存複本在 MicroPython 設備上，命名為 main.py。

記得到旗標創客・自造者工作坊 粉絲專頁按『讚』

1. 建議您到「旗標創客・自造者工作坊」粉絲專頁按讚，有關旗標創客最新商品訊息、展示影片、旗標創客展覽活動或課程等相關資訊，都會在該粉絲專頁刊登一手消息。
2. 對於產品本身硬體組裝、實驗手冊內容、實驗程序、或是範例檔案下載等相關內容有不清楚的地方，都可以到粉絲專頁留下訊息，會有專業工程師為您服務。
3. 如果您沒有使用臉書，也可以到旗標網站 (www.flag.com.tw)，點選首頁的 讀者服務 後，再點選 讀者留言版，依照留言板上的表單留下聯絡資料，並註明書名、書號、頁次及問題內容等資料，即會轉由專業工程師處理。
4. 有關旗標創客產品或是其他出版品，也歡迎到旗標購物網 (www.flag.com.tw/shop) 直接選購，不用出門也能長知識喔！
5. 大量訂購請洽

學生團體　訂購專線：(02)2396-3257 轉 362
　　　　　傳真專線：(02)2321-2545

經銷商　服務專線：(02)2396-3257 轉 331
　　　　將派專人拜訪
　　　　傳真專線：(02)2321-2545

國家圖書館出版品預行編目資料

Python 感測器大應用 / 施威銘研究室 作
臺北市：旗標, 2020 . 02　面；　公分

ISBN 978-986-312-616-4 (平裝)

1. Python (電腦程式語言)

312.32P97　　108019985

作　者／施威銘研究室

發 行 所／旗標科技股份有限公司

台北市杭州南路一段15-1號19樓

電　話／(02)2396-3257(代表號)

傳　真／(02)2321-2545

劃撥帳號／1332727-9

帳　戶／旗標科技股份有限公司

監　督／黃昕暐

執行企劃／呂育豪・黃昕暐

執行編輯／呂育豪・黃昕暐

美術編輯／陳慧如

封面設計／陳慧如

校　對／黃昕暐・呂育豪

行政院新聞局核准登記-局版台業字第 4512 號

ISBN 978-986-312-616-4